新疆蝗虫暴发机理及昆虫雷达监测技术应用

季 荣等 著

科学出版社

北 京

内 容 简 介

本书主要介绍新疆优势蝗虫种类的高温适应机理，解析蝗虫迁飞的生理与能源基础，分析中国与哈萨克斯坦边境（简称"中哈边境"）蝗虫遗传多样性与基因交流，阐明中哈边境区域蝗虫境外虫源分布及跨境迁飞轨迹，运用昆虫雷达技术等对中哈边境塔城区域迁飞昆虫进行监测，为预测预报和防控决策提供技术支撑。全书分上、下篇，共10章：上篇第1～6章分析高温胁迫下蝗虫生理生化、呼吸代谢与模式及交配行为的变化与差异；下篇第7～10章分析蝗虫迁飞生理与能源消耗、中哈边境蝗虫遗传多样性、境外虫源分布、迁飞轨迹及昆虫雷达监测技术应用。

本书是一本学术性、实用性较强的专著，可供从事昆虫生态学、植物保护学及生物灾害学等研究的科研人员及决策管理人员参考。

审图号：新 S（2019）206 号

图书在版编目（CIP）数据

新疆蝗虫暴发机理及昆虫雷达监测技术应用 / 季荣等著 . —北京：科学出版社，2020.5

　ISBN 978-7-03-065008-5

　Ⅰ.①新⋯　Ⅱ.①季⋯　Ⅲ.①雷达技术－应用－蝗科－植物虫害－防治－新疆　Ⅳ.① S433.2

中国版本图书馆 CIP 数据核字（2020）第 077501 号

责任编辑：李　悦　刘　晶 / 责任校对：严　娜
责任印制：肖　兴 / 封面设计：北京图阅盛世文化有限公司

科学出版社 出版
北京东黄城根北街 16 号
邮政编码：100717
http://www.sciencep.com

北京汇瑞嘉合文化发展有限公司 印刷
科学出版社发行　各地新华书店经销
*

2020 年 5 月第　一　版　　开本：787×1092　1/16
2020 年 5 月第一次印刷　　印张：6 3/4
字数：139 000

定价：**120.00 元**
（如有印装质量问题，我社负责调换）

序

    新疆是我国蝗虫灾害发生最为严重的地区之一，诸多生境类型为不同蝗虫种类提供了生存环境，已报道新疆有蝗虫种类177种，优势危害种类10余种。自20世纪70年代，由于气候变暖和人类活动干扰等导致新疆蝗虫灾害再度暴发，蝗虫宜生区面积超过 $2 \times 10^7 \mathrm{hm}^2$，种群最高密度超过 1000 头 $/\mathrm{m}^2$，严重影响到新疆畜牧业的发展。与此同时，我国邻国哈萨克斯坦境内的蝗虫时常跨境迁飞至新疆边境区域，突发性的蝗灾给新疆边境区域造成严重的经济、社会和生态损失。因此，阐明气候变暖背景下新疆蝗虫暴发机理，掌握境外虫源地分布及迁飞轨迹，运用现代雷达监测技术提升监测预警水平就显得尤为迫切。

    在诸多同仁的共同努力下，新疆地区的蝗虫防控实践取得了较好实效，但尚缺乏一本反映新疆及周边国际区域蝗虫暴发机理研究及监测技术应用的专著。《新疆蝗虫暴发机理及昆虫雷达监测技术应用》一书是新疆师范大学季荣教授及其团队多年来的研究成果。该书选取典型代表种类意大利蝗（*Calliptamus italicus*）、西伯利亚蝗（*Gomphocerus sibiricus*）和亚洲飞蝗（*Locusta migratoria migratoria*）为研究对象，阐明蝗虫高温适应机理，分析迁飞生理和能源基础，掌握境外虫源地分布和迁飞轨迹，运用昆虫雷达技术监测中哈边境害虫迁飞行为和特征，为及时防控提供技术支撑，有力地保障了我国新疆边境及周边国际区域的生态安全。

    谨以此序言表示衷心祝贺，希望季荣教授继续加强与中亚国家的专家合作，联合攻关，共同研究和治理蝗虫跨境危害这一国际难题，发挥科学技术在"丝绸之路经济带"建设进程中的支撑和引领作用，为我国西北边境及周边国际区域的生态安全做出更大贡献。

王宪辉

2019 年 11 月 26 日于北京

前　　言

新疆蝗虫发生具有严重性、暴发性及国际性等特点，因而也被认为是全国范围内蝗灾发生最为突出和典型的区域。截至 2011 年发现新疆有蝗虫 177 种。20 世纪 60 年代亚洲飞蝗（*Locusta migratoria migratoria*）是新疆发生最严重的蝗虫种类，通过改造其栖息地生态条件等使其得到控制。自 20 世纪 70 年代，由于气候变暖和人类活动干扰加剧，新疆蝗虫再度暴发，优势危害类群及空间分布格局都发生了新变化，意大利蝗（*Calliptamus italicus*）、黑腿星翅蝗（*C. barbarus*）及西伯利亚蝗（*Gomphocerus sibiricus*）等演变为优势危害种类。与此同时，我国邻国哈萨克斯坦境内的蝗虫常跨境迁飞至我国新疆塔城、阿勒泰等边境区域，并造成严重的经济、社会和生态损失。鉴于中国与哈萨克斯坦边境蝗虫跨境迁飞危害的严重性，2002 年两国政府共同签署了《中华人民共和国农业部与哈萨克斯坦共和国农业部关于联合防治蝗虫及其他农作物病虫害合作的协议》。

近几十年来，对新疆地区蝗虫的研究及防控取得了较大进展，但与国内同领域相比较，尚缺乏一本反映新疆蝗虫暴发机理研究及监测技术应用的专著。十多年来，新疆师范大学"中亚区域跨境有害生物联合控制国际研究中心"团队与哈萨克斯坦专家联合攻关，共同解决中哈边境蝗虫跨境迁飞危害问题。本书选择新疆地区蝗虫的典型代表种类——意大利蝗、亚洲飞蝗、西伯利亚蝗为研究对象，阐明蝗虫的高温适应机理，分析蝗虫迁飞的生理及能源基础，掌握境外虫源分布及跨境迁飞轨迹，运用昆虫雷达技术监测中哈边境害虫迁飞，为及时防控提供技术支撑，发挥科学技术在"丝绸之路经济带"建设中的引领作用，服务国家"一带一路"倡议。

本书共分 10 章，第 1 章由王晗、向敏、袁亮完成，第 2 章由叶小芳、何岚、王香香、何立志、闫蒙云完成，第 3～6 章由徐叶、麦季玮、刘琼、李娟、于非完成，第 7 章和第 8 章由于冰洁、王冬梅、李爽、陈晓、扈鸿霞完成，第 9 章和第 10 章由曹凯丽、罗迪、窦洁、钱雪、张永军、季荣完成。全书由季荣统稿，王晗、叶小芳校稿。

本书的研究工作得到了国家重点研发计划战略性国际科技创新合作重点专项（2016YFE0203100）、国家国际科技合作专项（2015DFR30290）、国家自然科学基金（U1120301、31260104、31560129）、新疆维吾尔自治区科技计划项目（PT1707、2017Q024、2017D14007）和新疆维吾尔自治区高校科研计划项目（XJEDU2017T007）的资助。

　　特别向多年来支持和关心作者研究工作的所有单位和个人表示衷心的感谢；还要感谢哈萨克斯坦阿里 - 法拉比国立大学 Roman Jashenko 教授及其团队在哈萨克斯坦境内野外调查时给予的帮助；感谢俄罗斯国家农业科学院全俄植物保护所 Ilya Kabak 研究员在昆虫分类方面给予的帮助；感谢新疆师范大学中亚区域跨境有害生物联合控制国际研究中心的大力支持；感谢科学出版社编辑为本书出版付出的辛勤劳动。书中有部分内容参考了有关单位或个人的研究成果，均已在参考文献中列出，在此一并致谢。

　　由于作者水平有限，书中不足之处在所难免，欢迎读者批评指正。

作　者
2020 年 3 月

目　　录

上篇　蝗虫高温适应机理

　　自 20 世纪 70 年代以来,新疆气候变暖趋势明显,研究报道新疆蝗虫持续严重发生与同期气候变暖有显著相关性,温度升高有利于蝗卵安全越冬、孵化及繁殖发育。本篇选择新疆典型代表种类意大利蝗和西伯利亚蝗为研究对象,分别设置 21～51℃、18～42℃ 温度处理范围,重点阐明高温胁迫对蝗虫卵子发生、生理生化、呼吸代谢及交配行为的影响,并分析了越冬蝗卵的低温适应策略。

　　在敏感温度下,意大利蝗(*Calliptamus italicus*)通过大量合成热激蛋白 Hsp70(heat shock protein 70)以提高卵巢耐热性,保证卵子正常发生进程。敏感温度和胁迫温度下,意大利蝗卵黄蛋白摄取及卵巢发育进程受到抑制,产卵量降低。蝗卵对能量的需求随胚胎发育进程不断增加,积累耐寒物质、降低过冷却点和冰点、提升耐寒能力是蝗卵安全越冬的重要策略。意大利蝗和西伯利亚蝗成虫可以通过调节生理生化物质含量、呼吸代谢水平、改变呼吸模式和缩短交配时间等方式提高虫体耐高温能力。以意大利蝗为代表栖息在荒漠半荒漠草原的蝗虫类群具有更强的高温耐受能力,半致死温度介于 47～49℃,生长的适宜温度、敏感温度、胁迫温度范围依次为 27～30℃、33～39℃、≥42℃,这类蝗虫包括黑腿星翅蝗(*Calliptamus barbarus*)、伪星翅蝗(*Calliptamus coelesyriensis*)、黑条小车蝗(*Oedaleus decorus decorus*)、红胫戟纹蝗(*Dociostaurus kraussi kraussi*)、蓝胫戟纹蝗(*Dociostaurus tartarus*)、朱腿痂蝗(*Bryodema gebleri*)等。以西伯利亚蝗为代表栖息在高山亚高山草原蝗虫类群的高温耐受能力相对较弱,半致死温度介于 36～39℃,生长发育的适宜温度、敏感温度、胁迫温度范围依次为 21～24℃、27～30℃、≥33℃,这类蝗虫包括宽须蚁蝗(*Myrmeleotettix palpalis*)、白边雏蝗(*Chorthippus albomarginatus*)、肿脉蝗(*Stauroderus scalaris scalaris*)等。

　　蝗虫对高温耐受的差异是长期适应进化的结果。根据研究结果判断,在新疆地区气候持续变暖的条件下,不同生境的蝗虫类群将在空间分布格局上产生较大变化。栖息于新疆高山亚高山草原的蝗虫类群,适应凉爽气候,随温度升高将向高海拔山区迁移,危害范围将进一步扩大;栖息于新疆荒漠半荒漠草原的广布种,随温度升高,将向高纬度迁移扩散。同时,意大利蝗等具有长距离迁飞能力的种类,借助适宜的气象条件,仍将继续从哈萨克斯坦境内跨境迁飞至新疆边境区域危害。

第1章 高温胁迫对蝗虫卵子发生及卵巢发育的影响

配子发生是决定昆虫生殖力的基础，是昆虫种群繁衍和延续的重要保障，在气候变暖背景下，害虫保持较高产生配子的能力，是其持续暴发成灾的重要原因（戈峰，2011；Trumble and Butler，2009）。热激蛋白是存在于原核和真核生物中的一类高度保守的蛋白质，其表达调控是有机体应对高温胁迫的基础之一（谭瑶等，2017；王欢等，2012）。卵巢是虫体重要的生殖器官，卵巢发育成熟并行使正常的生理功能，才能产生有效的卵子，以保障蝗虫种群繁衍（赵卓，2005）。本章以意大利蝗（*Calliptamus italicus*）为研究对象，掌握卵子发生进程，分析高温胁迫对卵子发生和卵巢发育的影响。

1.1 意大利蝗卵子发生进程

野外采集意大利蝗雌性成虫，解剖取出卵巢组织，常规石蜡包埋切片，苏木精 - 伊红染色，光学显微镜下观察。结果表明，意大利蝗卵巢结构为无滋式，有卵母细胞和滤泡细胞，无滋养细胞。在生长区内含有大小不等的卵母细胞，每个正在发育的卵母细胞被一层滤泡细胞包围。参照赵卓（2005）对 10 种蝗虫卵子发生划分依据，将意大利蝗卵子发生分为 3 个时期 8 个阶段。

（Ⅰ）卵黄发生前期

第一阶段：卵母细胞体积较小，在卵巢管中呈单行串状排列。滤泡细胞尚未出现（图 1-1a）。

第二阶段：卵母细胞体积增大，呈圆形或方形。滤泡细胞出现，数量较少，呈扁平状（图 1-1b）。

第三阶段：卵母细胞体积继续增大，长度明显增加，呈椭圆形。滤泡细胞数量增加，呈长方形，分布于卵母细胞周围（图 1-1c）。

（Ⅱ）卵黄发生期

第四阶段：卵母细胞长度继续增加，呈长椭圆形，细胞内出现卵黄颗粒。滤泡细胞呈立方状，细胞之间空隙较大（图 1-1d）。

第五阶段：卵母细胞长度继续增加，细胞内卵黄颗粒增多。滤泡细胞呈柱状（图 1-1e）。

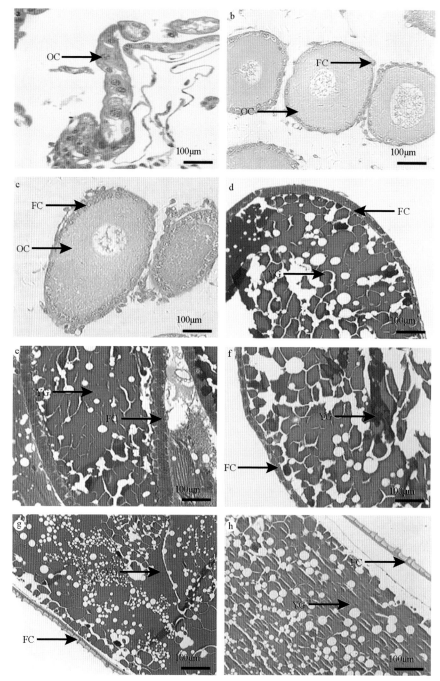

图 1-1　意大利蝗卵子发生的组织学观察（×100）

图 a ～图 c 分别为第一阶段～第三阶段，属于卵黄发生前期；图 d ～图 f 分别为第四阶段～第六阶段，属于卵黄发生期；图 g、图 h 为第七阶段，属于卵黄发生后期。OC 代表卵母细胞，FC 代表滤泡细胞，YG 代表卵黄颗粒

第六阶段：卵母细胞体积迅速增加，细胞内充满卵黄颗粒。滤泡细胞呈扁平状（图 1-1f）。

（Ⅲ）卵黄发生后期

第七阶段：卵黄膜出现并包裹着卵母细胞，卵黄膜外表出现由滤泡细胞分泌的卵壳（图 1-1g）。滤泡细胞开始退化（图 1-1h）。

第八阶段：卵子外被成熟卵壳，滤泡细胞退化直到消失。

意大利蝗卵子发生过程中，卵母细胞形态发生明显变化，由近圆形变为椭圆形，卵母细胞的长、宽分别增加 5.13mm、1.24mm，长宽比由 1.27 增加至 4.00（表 1-1）。卵母细胞发育初期未出现滤泡细胞，至第二阶段滤泡细胞出现后数量和体积明显增加，长、宽分别增加 54.76μm、4.88μm（表 1-2），将卵母细胞完全包围，形态依次变为扁平状、立方状、柱状、扁平状，直到最后退化消失。

表 1-1　意大利蝗卵母细胞长宽动态变化　　　　　　　　　　（n=15）

阶段	长度 /mm	宽度 /mm	长 / 宽
第一阶段	0.19±0.10	0.15±0.08	1.27
第二阶段	0.49±0.20	0.23±0.10	2.13
第三阶段	0.51±0.34	0.33±0.12	1.55
第四阶段	1.08±0.50	0.38±0.12	2.84
第五阶段	1.97±0.77	0.57±0.19	3.46
第六阶段	3.23±1.33	1.04±0.38	3.11
第七阶段	5.25±2.08	1.38±0.67	3.80
第八阶段	5.32±1.15	1.39±0.32	4.00

表 1-2　意大利蝗滤泡细胞长宽动态变化　　　　　　　　　　（n=15）

阶段	长度 /μm	宽度 /μm	长 / 宽
第一阶段	20.32±5.12	5.14±4.15	3.95
第二阶段	24.65±5.62	13.89±5.19	1.77
第三阶段	22.49±5.01	27.41±8.35	0.82
第四阶段	15.99±4.63	40.14±11.11	0.40
第五阶段	23.26±6.44	60.83±15.72	0.38
第六阶段	55.03±9.95	22.64±7.35	2.43
第七阶段	74.52±13.16	9.91±4.91	7.52
第八阶段	75.08±10.21	10.02±3.28	7.49

1.2 高温胁迫对卵子发生不同时期 Hsp70 蛋白表达的影响

采用免疫组织化学法,分析高温(33～42℃)短时(4h)处理对意大利蝗卵子发生期 Hsp70 蛋白相对表达量的影响及其表达定位的动态变化。

1.2.1 高温胁迫对卵子发生不同时期 Hsp70 蛋白特异性表达的影响

不同温度下意大利蝗卵子发生不同时期均有 Hsp70 蛋白表达(图 1-2),随着温度升高,Hsp70 蛋白相对表达量先上升后下降(图 1-3)。在卵子发生不同时期,33℃、36℃、39℃处理组的 Hsp70 蛋白相对表达量均显著高于对照组(27℃)($P < 0.05$),其中 36℃时 Hsp70 蛋白相对表达量最高,卵黄发生前期、发生期和后期 Hsp70 蛋白相对表达量分别为 0.739、0.124 和 0.054。在卵子发生不同时期,42℃处理组的 Hsp70 蛋白相对表达量低于对照组,但差异不显著($P > 0.05$)。

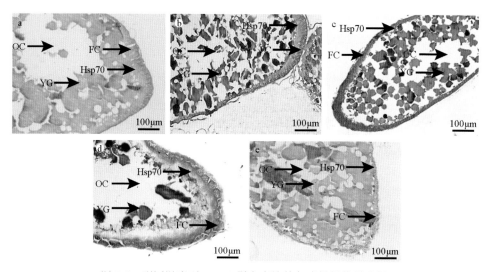

图 1-2　不同温度下 Hsp70 蛋白表达的免疫组织化学分析

图 a 为对照组(27℃),图 b～图 e 分别为 33℃、36℃、39℃和 42℃处理组。OC 代表卵母细胞,FC 代表滤泡细胞,YG 代表卵黄颗粒,Hsp70 代表 Hsp70 阳性表达

1.2.2 高温胁迫对卵子发生不同时期 Hsp70 蛋白组织定位的影响

研究表明,意大利蝗卵子发生过程中,随着卵母细胞和滤泡细胞的形态、大小及功能变化,Hsp70 蛋白定位及相对表达量亦发生明显变化。高温(33～42℃)处理下,在卵黄发生前期,卵母细胞和滤泡细胞大量合成 Hsp70 蛋白以确保卵子发生和发育(图 1-4a);卵黄发生期,Hsp70 蛋白在卵母细胞内不表达,仅在滤泡细胞表达,

且合成的 Hsp70 蛋白仅分布在滤泡细胞周围,不向卵母细胞中移动(图 1-4b),这可能与该时期卵母细胞正在积累卵黄蛋白有关;卵黄发生后期,滤泡细胞逐渐退化,Hsp70 蛋白相对表达量减少(图 1-4c)。

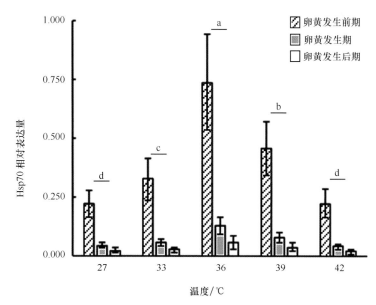

图 1-3 意大利蝗卵子发生期 Hsp70 相对表达量

不同小写字母表示不同温度处理之间差异显著($P < 0.05$,单因素方差分析)

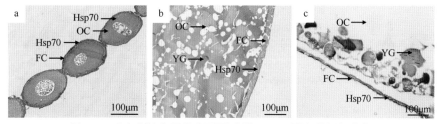

图 1-4 意大利蝗卵子发生不同时期 HSP70 蛋白的组织定位

图 a 为卵黄发生前期,图 b 为卵黄发生期,图 c 为卵黄发生后期;OC 代表卵母细胞,FC 代表滤泡细胞,YG 代表卵黄颗粒,HSP70 代表 HSP70 阳性表达;标尺 = 100 μm。

1.3 高温胁迫对卵巢发育的影响

将刚羽化 24h 内的意大利蝗雌雄成虫于 30℃温度条件下饲养。分别设置 33℃、36℃、39℃、42℃温度处理组,自 1 日龄开始,每日高温处理 4h 后放置于 30℃温度条件下饲养。隔日解剖不同温度处理下的意大利蝗虫卵巢,检测各处理组意大利蝗卵巢中卵黄蛋白含量及卵巢发育情况,并分析变化规律。

1.3.1　高温胁迫下卵巢中卵黄蛋白含量的动态变化

研究发现，3 日龄意大利蝗卵巢开始出现卵黄蛋白沉积，11 日龄卵黄蛋白含量达到峰值。短时高温处理对卵黄蛋白含量有显著影响（$P < 0.05$），其中 33℃ 处理组卵黄蛋白峰值为（49.795±6.253）mg/ml，显著高于对照组（$P < 0.05$）；36℃、39℃、42℃ 等处理组则显著低于对照组（$P < 0.05$）（图 1-5）。36℃ 及以上高温导致卵黄蛋白含量明显降低。

对照组 1 日龄至 5 日龄雌虫卵巢中未检测到卵黄蛋白；7 日龄开始出现卵黄蛋白沉积，含量为（0.963±0.105）mg/ml；13 日龄卵黄蛋白含量达到峰值，为（43.952±3.797）mg/ml。

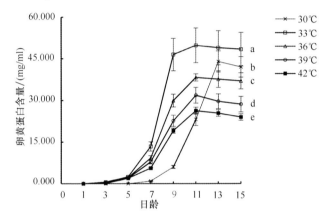

图 1-5　短时高温处理后意大利蝗卵巢中卵黄蛋白含量动态变化

不同小写字母表示不同温度处理之间差异显著（$P < 0.05$，单因素方差分析）

1.3.2　高温胁迫下卵巢发育动态

根据任金龙等（2014）对意大利蝗卵巢级别的划分，将意大利蝗卵巢发育分为 5 级，依次为 Ⅰ 级、Ⅱ 级、Ⅲ 级、Ⅳ 级、Ⅴ 级。本研究参考该标准逐日记录不同温度处理后意大利蝗雌虫卵巢发育情况。结果表明，高温对意大利蝗卵巢长度、鲜重有显著影响（$P < 0.05$）（图 1-6a，图 1-6c），但对卵巢宽度的影响不显著（$P > 0.05$）（图 1-6b）；高温处理组之间（33℃、36℃、39℃、42℃），随温度升高卵巢长度、宽度、鲜重均呈下降趋势，其中 33℃ 处理组卵巢发育各级别的长度和鲜重均显著高于对照组（$P < 0.05$）（图 1-6）。

短时高温对意大利蝗卵巢发育历期有显著影响（$P < 0.05$），30℃ 对照组卵巢发育历期为（22.5±0.3）d，33℃、36℃、39℃、42℃ 等处理组的卵巢发育历期分别为

（20.9±0.8）d、（20.5±0.5）d、（18.7±0.5）d 和（17.9±0.6）d，随温度升高，处于不同级别的卵巢发育历期均呈下降趋势（图1-6d）。

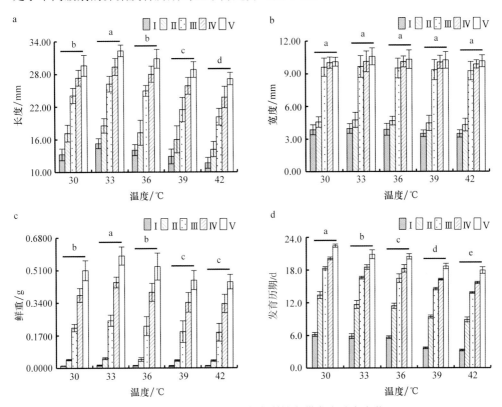

图1-6 短时高温处理后意大利蝗卵巢发育动态变化

图 a 为卵巢长度，图 b 为卵巢宽度，图 c 为卵巢鲜重，图 d 为卵巢发育历期；Ⅰ、Ⅱ、Ⅲ、Ⅳ、Ⅴ分别表示卵巢发育级别；不同小写字母表示不同温度处理之间差异显著（$P < 0.05$，单因素方差分析）

卵子发生在昆虫个体发育过程中起着至关重要的作用。高温胁迫下，意大利蝗通过大量合成 Hsp70，提高其卵巢的耐热性，以确保卵母细胞的正常发育（向敏等，2017a）。同时，高温胁迫导致意大利蝗卵巢中卵黄蛋白含量减少，抑制卵母细胞和卵巢的发育进程，进而降低产卵量（向敏等，2017b；马亚斌等，2016；Roux et al.，2010）。研究表明，高温影响蜕皮激素和保幼激素分泌，而这两种激素对卵黄蛋白的合成、转运和摄取具有重要的调控作用（周娇等，2013；Bryant and Raikhel，2011）。高温是否通过影响激素水平进而抑制意大利蝗卵巢中卵黄蛋白的积累，以及高温处理后对其产卵量、成虫寿命的影响还有待于进一步研究。

第 2 章　蝗虫胚胎发育及蝗卵越冬适应研究

冬季低温是温带和寒带地区昆虫存活的直接障碍，耐寒能力已成为种群存在和发展的重要前提，决定其生殖、扩散、分布及发生动态（闫蒙云等，2018a；王艳敏等，2010）。昆虫的耐寒对策主要是从行为上和生理上进行调节以确保安全越冬。行为上，可以通过远距离的迁飞、休眠、滞育等躲避低温。生理上，可以通过降低含水量、积累耐寒物质等来提高自身的抗寒能力（Wang et al.，2003）。由于卵相对其他虫态较为脆弱，易受到环境温度的影响，因此，越冬期间卵的抗寒能力及代谢水平是决定能否成功越冬的关键因素。在新疆地区，蝗虫通常一年发生一代，以卵在土壤中越冬。新疆冬季寒冷，蝗卵安全越冬是确保翌年蝗虫种群数量的基础。本章以西伯利亚蝗、意大利蝗为代表，通过测定越冬蝗卵的耐寒性和生理指标，阐明其耐寒能力和越冬适应变化。

2.1　蝗虫胚胎发育

西伯利亚蝗以胸部为中心形成体节，属短胚带昆虫（任金龙等，2015）。刚产出的蝗卵，胚胎以活质体形式散布于卵内。30℃恒温条件下，蝗卵从第 2 天即可观察到胚胎。根据胚胎形态、躯干和附肢的分节、胚胎在卵中的位置等（崔双双和朱道弘，2011），将西伯利亚蝗胚胎发育划分为 12 个阶段（图 2-1）。

第一阶段：发育第 2 天。胚胎在卵腹面的卵黄表面，紧贴着卵孔端，原头与原颚胸折叠（图 2-1a）。

第二阶段：发育第 3 天。原头与原躯干略呈 90°，躯干未分节（图 2-1b）。

第三阶段：发育第 4 天。原头两侧出现复眼轮廓。原躯干分化出原颚、原胸，原颚未明显分节，原胸分为 3 节（图 2-1c）。

第四阶段：发育第 5 ～ 6 天。原头分化出触角和上唇芽基。躯干分化为原颚、胸和腹部。颚、胸各分为 3 节，可见分化出的附肢。腹部分节，但未出现附肢。此阶段为胚胎发育的原足期（图 2-1d）。

第五阶段：发育第 7 ～ 10 天。触角、上唇及胸部附肢继续生长，原颚部的第 1 对附肢分化上颚，下颚芽基分为三部分，最外侧为下颚须，中间为盔节，最内侧为叶节。下唇芽基分为两部分，外侧为下唇须，内侧为侧唇舌。腹部分为 11 节，各腹节均有 1 对附肢，腹部末端出现原肛。此阶段为胚胎发育的多足期（图 2-1e）。

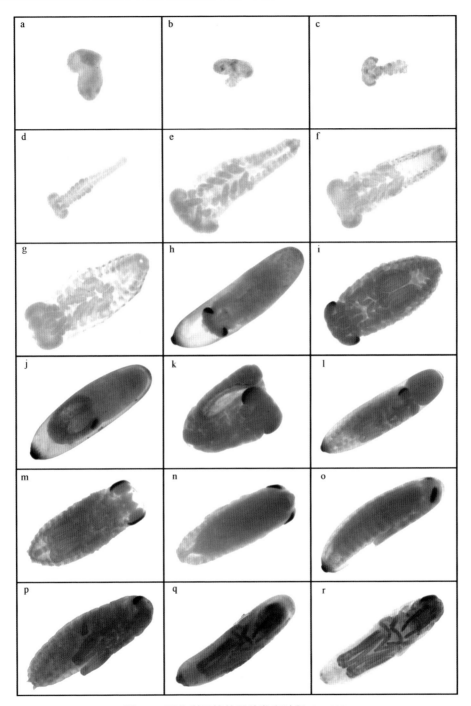

图 2-1　西伯利亚蝗的胚胎发育过程（×20）

a: 第一阶段；b: 第二阶段；c: 第三阶段；d: 第四阶段；e: 第五阶段；f: 第六阶段；g: 第七阶段；
h 和 i: 第八阶段；j 和 k: 第九阶段；l～n: 第十阶段；o 和 p: 第十一阶段；q 和 r: 第十二阶段

第六阶段：发育第 11 ～ 14 天。原头两侧复眼形成并出现色素。触角伸长，分节不明显。上唇和原鄂部各芽基继续增大。胸部附肢出现分节，腹部附肢开始退化（图 2-1f）。

第七阶段：发育第 15 ～ 20 天。触角继续伸长，上唇呈梨形，位于触角之间。胸部附肢分节，包括基节、腿节、胫节和跗节。腹部除第 1 腹节附肢外，其余附肢退化，原肛内陷明显。此阶段为胚胎发育的寡足期（图 2-1g）。

第八阶段：第 21 ～ 214 天。复眼呈红色，触角继续伸长，上唇分为 2 节。胸部后足跗节分为 3 节，腹部分节明显（图 2-1h、图 2-1i）。此阶段胚胎发育停滞，若将此阶段的蝗卵置于 5℃保存 6 个月则可以解除滞育。

第九阶段：发育第 215 天。滞育解除，此阶段为胚胎旋转期。胚胎在卵内变化较大，胚胎背面弯曲，原头弯向卵中央，完成旋转后，原头由原来的卵孔方向转变为指向卵前端（图 2-1j、图 2-1k）。

第十阶段：发育第 216 ～ 217 天。胚转完成后，胚胎占卵大小的 3/4，大部分卵黄变为胚胎组织，胚胎开始背合。复眼红色加深，上唇和触角几乎遮盖了叶节、下唇和下唇须。大部分下颚被上颚遮盖，头部形成。胸部附肢继续生长，腹部末端形成外生殖器、尾须（图 2-1l ～ 图 2-1n）。

第十一阶段：发育第 218 ～ 219 天。胚胎几乎与卵大小相同，背部可见一纵沟，背合即将完成。触角分为 10 节，上唇分为 2 节，前端纵裂为两瓣。胚胎表面出现色素（图 2-1o、图 2-1p）。

第十二阶段：发育第 220 天。复眼颜色和胚胎表面色素加深，触角分节明显。后足腿节羽状纹清晰可见，胫节刺出现，跗节分为 4 节，后足腿节顶端已达到第 7 腹节。胚胎背合完成，外生殖器和尾须明显可见，即将孵化（图 2-1q、图 2-1r）。

为明确室外自然条件下西伯利亚蝗越冬卵的胚胎发育及滞育时间，并与室内条件下越冬卵的胚胎发育进行比较，我们于 2015 年 8 月至 2016 年 4 月，每隔 10d 取室外自然状态下的蝗卵进行解剖，观察胚胎发育进度。根据蝗卵发育的环境温度，将蝗卵越冬过程分为越冬前期（8 ～ 9 月）、越冬期（10 月～翌年 2 月）和越冬后期（3 ～ 4 月）三个时期。结果表明，新产蝗卵中的胚胎以活质体的形式存在，在合适的条件下开始生长发育，逐渐形成胚胎各器官的前体芽基。8 月胚胎变化较大，头、胸、腹和附肢等结构分化完全。9 月胚胎继续生长，处于胚胎发育第七阶段。9 月末至 10 月上旬，蝗卵开始滞育，以第八阶段越冬，直至翌年 2 月。在此期间，胚胎结构变化不明显，发育基本停滞。越冬期间，2 月平均温度最低（-8.4℃），3 月温度上升，胚胎出现胚动现象（胚转和正向移动等），肢体运动频繁，此时胚胎发育处于第九阶段至第十阶段。4 月胚胎发育渐至成熟，处于第十一阶段至第十二阶段，胚胎表面色素出现，附肢开始变黑硬化，等待孵化。

西伯利亚蝗以卵越冬，存在滞育现象，而且同一时间产下的蝗卵，发育不完同步，进入滞育的时间也不完全一致（闫蒙云等，2018a）。通过比较室内与室外越冬卵的胚胎发育进程发现：自然条件下，西伯利亚蝗卵在 9 月末进入滞育，胚胎发育停滞在第八阶段，翌年 2 月滞育解除后胚胎开始发育；室内恒温 30℃条件下蝗卵滞育状态持续 193d，比自然条件下滞育时间（66d）长，但在滞育前及滞育解除后，其发育速度较自然条件快。

掌握西伯利亚蝗卵的滞育特性，可寻求解除或打破蝗卵滞育的途径，或为人工饲养和建立实验室种群奠定基础。

2.2　蝗卵的抗寒能力

2.2.1　西伯利亚蝗越冬卵的过冷却点和冰点变化

越冬过程中，西伯利亚蝗卵过冷却点（super-cooling point，SCP）的变化范围介于 -30.37 ～ -22.46℃（表 2-1），总体呈先下降后上升的趋势。其中，12 月 SCP 值最低，为 -30.37℃，与越冬前及越冬后差异显著（$P < 0.05$）；1 月、2 月 SCP 较 3 月、4 月略高，这可能与其生理状态有关。2 月的蝗卵为适应逐渐升高的环境温度，需要对外界环境变化做出反应，以做好解除生理抑制状态的准备。此外，3 ～ 4 月，越冬结束，卵内物质成分因供胚胎恢复发育所需，导致 SCP 再次降低。

表 2-1　越冬期间西伯利亚蝗越冬卵 SCP 的变化

越冬过程	卵粒数 / 个	最小值 /℃	最大值 /℃	平均值 /℃	标准误	-5cm 地温 /℃
8 月	58	-30.80	-6.82	-27.06bc	0.60	17.59
9 月	60	-31.84	-7.84	-26.02bcd	0.78	10.08
10 月	60	-32.35	-9.51	-26.71bc	0.80	3.67
11 月	60	-33.11	-11.42	-27.72b	0.72	0.43
12 月	60	-32.83	-23.74	-30.37a	0.23	-1.04
1 月	60	-32.26	-7.26	-22.48e	1.16	-3.00
2 月	60	-32.15	-7.05	-22.46e	1.03	-4.23
3 月	60	-31.50	-11.10	-24.84cde	0.87	-1.43
4 月	60	-32.80	-6.56	-24.00de	0.86	5.88

注：表中同一列数据后不同小写字母表示不同月份之间差异显著（$P < 0.05$，Duncan's 多重比较检验）。

越冬过程中，西伯利亚蝗卵的冰点（freezing point，FP）变化范围为 -20.51 ～ -13.39℃（表 2-2），8 月 FP 值最低，为 -20.51℃，显著低于其他月份（$P < 0.05$）。9 ～ 12 月 FP 值上升，各月间差异不显著（$P > 0.05$）。1 ～ 2 月 FP 显著升高（$P <$

0.05）。越冬结束后（3～4 月）FP 值降低，显著低于 1～2 月的值（$P < 0.05$）。

表 2-2　越冬期间西伯利亚蝗越冬卵 FP 变化

越冬过程	卵粒数 / 个	最小值 /℃	最大值 /℃	平均值 /℃	标准误
8 月	58	−25.31	−5.36	−20.51a	0.53
9 月	60	−28.41	−4.10	−18.18b	0.69
10 月	60	−29.90	−4.91	−17.43bc	0.66
11 月	60	−27.48	−5.23	−17.68b	0.61
12 月	60	−23.55	−12.17	−18.24b	0.31
1 月	60	−23.85	−3.37	−13.43d	0.81
2 月	60	−23.85	−3.38	−13.39d	0.82
3 月	60	−24.26	−6.38	−15.46c	0.69
4 月	60	−28.91	−3.95	−16.35bc	0.78

注：表中同一列数据后不同小写字母表示不同月份之间差异显著（$P < 0.05$，Duncan's 多重比较检验）。

2.2.2　意大利蝗越冬卵的过冷却点和冰点变化

越冬过程中，意大利蝗卵 SCP 发生了明显变化（图 2-2），结合各月份蝗卵 SCP 的分布频率（表 2-3）可知，9 月至翌年 3 月，SCP 平均值均在 −25℃以下，80% 以上的蝗卵 SCP 低于 −24℃；4 月和 5 月显著上升（$P < 0.05$），分别上升

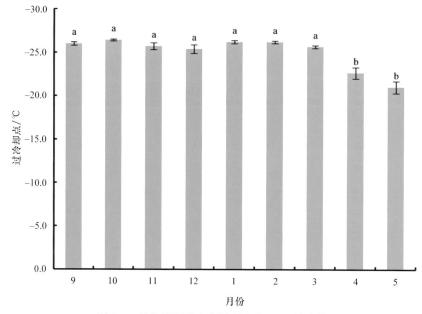

图 2-2　越冬期间意大利蝗越冬卵 SCP 的变化

图中数据为平均值 ± 标准误，不同小写字母表示不同月份之间差异显著（$P < 0.05$，Duncan's 多重比较检验）

至（-22.7±0.7）℃和（-21.0±0.7）℃，蝗卵 SCP 在 -23.9 ～ -20.0℃的比例高达
77.08% 和 52.08%。通过自动温度记录仪连续测定 10 月至翌年 5 月的土壤 -5cm 地
温温度变化（图 2-3），结果显示，仅 1 月至 3 月土壤地温温度低于 0℃，最低温
度出现在 2 月中下旬，为 -3℃左右。

表 2-3　越冬期间意大利蝗越冬卵 SCP 分布频次　　　　（单位：%）

越冬过程	-28 ～ -24℃	-23.9 ～ -20℃	-19.9 ～ -16℃	-15.9 ～ -12℃	-11.9 ～ -8℃
9 月	97.67	0.00	2.33	0.00	0.00
10 月	89.58	10.42	0.00	0.00	0.00
11 月	89.59	4.17	6.25	2.08	0.00
12 月	81.25	10.42	4.17	2.08	2.08
1 月	95.74	0.00	2.13	0.00	2.13
2 月	97.87	2.13	0.00	0.00	0.00
3 月	82.98	17.02	0.00	0.00	0.00
4 月	8.33	77.08	4.17	6.25	4.17
5 月	22.92	52.08	6.25	12.50	6.25

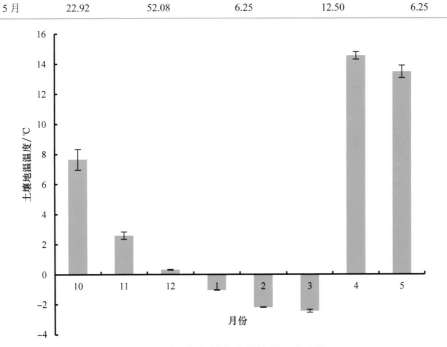

图 2-3　越冬期间蝗卵土壤地温温度变化

图中数据为平均值 ± 标准误

2.3　越冬卵抗逆物质变化

2.3.1　含水量变化

越冬期间，西伯利亚蝗卵含水量逐渐增加。8 月蝗卵的含水量最低，为63.15%，显著低于其他月份（$P < 0.05$），9 月含水量显著升高（$P < 0.05$），此时段为胚胎形态建成的重要时期，蝗卵需从环境中吸收所需的水分，以满足生长发育的需要，这与中华稻蝗（*Oxya chinensis*）卵和黄脊雷篦蝗（*Rammeacris kiangsu*）卵相似（朱道弘等，2013；崔双双和朱道弘，2011）。9 ～ 12 月含水量差异不显著（$P > 0.05$），其中 9 月略高，10 ～ 12 月的细胞原生质浓度提高，降低了昆虫的SCP，间接提高了耐寒性（李娜等，2014；于令媛等，2012）。1 月至 4 月的含水量继续增加，其中 3 月含水量最高，为 78.58%，显著高于其他月份（$P < 0.05$）。越冬期间，昆虫可通过降低体内含水量或者将体内自由水排出或部分转化为结合水等方式，增强其耐寒能力，保证其越冬存活和种群数量（强承魁等，2008）。实验证明西伯利亚蝗越冬卵过冷却能力和含水量呈正相关（R^2=0.2436，F=8.052，$P < 0.05$），SCP 和 FP 随含水量增加而升高（图 2-4、图 2-5）。

意大利蝗卵含水量在越冬前后发生了明显变化（图 2-6）。11 月和 12 月含水量增加，1 月短暂下降后迅速回升，并在 4 月和 5 月显著增加（$P < 0.05$）。这与异

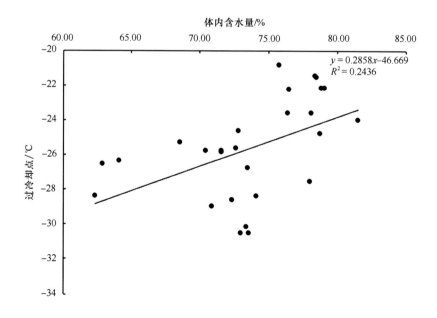

图 2-4　越冬期间西伯利亚蝗卵含水量与 SCP 的关系

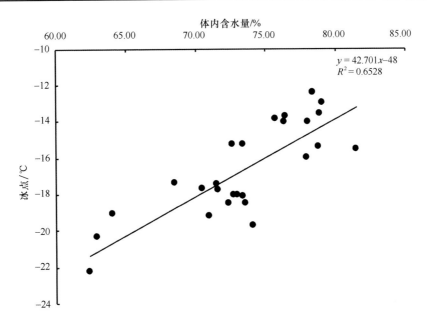

图 2-5　越冬期间西伯利亚蝗卵含水量与 FP 的关系

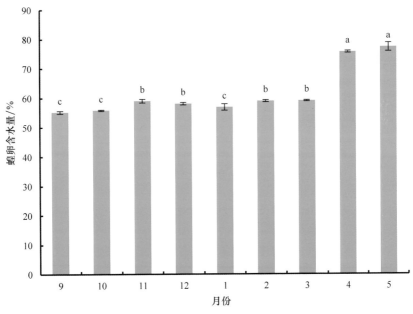

图 2-6　越冬期间意大利蝗卵含水量变化

图中数据为平均值 ± 标准误，不同小写字母表示不同月份之间差异显著（$P < 0.05$，Duncan's 多重比较检验）

色瓢虫（*Harmonia axyridis*）（赵静等，2008）、中华通草蛉（*Chrysoperla sinica*）的研究结果一致（郭海波等，2006）。有些昆虫在越冬前会降低体内含水量增强耐寒性（Block and Zettel，2003；Wolfe et al.，2002）。室内孵化实验发现，在蝗卵发育后期的 4～5 月，体液增多，虫卵变软，表明蝗卵含水量显著增加是蝗卵自身发育所需。

2.3.2　脂肪含量变化

越冬期间西伯利亚蝗越冬卵体内脂肪含量总体呈下降趋势，但不同月份之间差异不显著（$P > 0.05$）。脂肪含量在越冬前（8 月）最高，为 24.38%，随后逐渐降低；与 12 月份相比，1 月脂肪含量略有升高，随后开始下降，4 月脂肪含量最低，为 20.45%（图 2-7）。

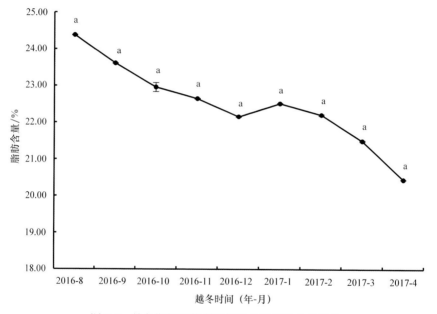

图 2-7　越冬期间西伯利亚蝗越冬卵脂肪含量变化

图中数据为平均值 ± 标准误，相同字母代表不同月份之间差异不显著（$P > 0.05$，Duncan's 多重比较检验）

脂肪是昆虫越冬期间主要的能量物质，可用来增加昆虫的抗寒能力。越冬过程中，西伯利亚蝗卵脂肪含量持续下降，可能是越冬前期蝗卵需要消耗脂肪以供胚胎早期发育；越冬期间，处于滞育期的蝗卵需要消耗脂肪以抵御外界低温；越冬结束后，随着温度升高，蝗卵需要消耗卵黄以促进蝗卵发育，而卵黄的主要成分为脂肪。

2.3.3　游离氨基酸含量变化

越冬期间西伯利亚蝗卵所含氨基酸的种类无变化，但含量发生变化。8 月至翌年

2 月各月间的氨基酸总含量差异不显著（$P > 0.05$）。3～4 月，氨基酸总含量下降，其中 4 月的氨基酸总含量显著低于其他月份（3 月除外）（$P < 0.05$）。越冬过程中西伯利亚蝗卵谷氨酸含量较高，占总氨基酸 14.00%～16.99%。越冬前，9 月蝗卵的甘氨酸（> 25.16%）和脯氨酸（> 33.46%）的含量较 8 月大幅增加，但无显著差异（$P > 0.05$）。10 月氨基酸总量呈较大幅度上升（> 20.33%），其中增幅较大的有天冬氨酸（> 24.16%）、谷氨酸（> 30.40%）、丙氨酸（> 57.71%）、胱氨酸（> 46.58%）、甲硫氨酸（> 28.92%）。越冬期间，氨基酸含量在 1 月幅度最大（> 26.01%），组氨酸增幅为 18.32%，其他月份增幅较小。3 月，除缬氨酸（降幅5.05%）和甲硫氨酸（降幅 12.36%）外，其他氨基酸含量降低幅度均超过 20%。其中，3 月天冬氨酸、苏氨酸、丝氨酸、谷氨酸、甘氨酸、亮氨酸、酪氨酸、苯丙氨酸、赖氨酸、精氨酸和脯氨酸的含量较 2 月显著减少（$P < 0.05$）。4 月除甘氨酸（降幅 10.34%）、胱氨酸（降幅 0.00%）、缬氨酸（降幅 2.33%）和甲硫氨酸（降幅 8.97%）外，其他氨基酸含量降低幅度均大于 20.00%（表 2-4）。

　　游离氨基酸作为蛋白质合成所必需的物质，主要存在于昆虫的血淋巴中，对昆虫生命的构建至关重要。胚胎发育过程中，氨基酸含量的增加和减少能客观反映胚胎发育与氨基酸需求之间的关系。氨基酸的积累被认为与昆虫越冬期间耐寒性的提高有关，同时可为其滞育后的发育所需蛋白质的合成提前储备能量（刘婷和吴伟坚，2008）。作者研究发现，越冬过程中蝗卵的谷氨酸、天冬氨酸、亮氨酸、脯氨酸、精氨酸、缬氨酸、丙氨酸、酪氨酸和丝氨酸的百分含量较高。越冬前（10 月，蝗卵已进入滞育，胚胎发育停滞）天冬氨酸、谷氨酸、甘氨酸、丙氨酸、胱氨酸、甲硫氨酸和脯氨酸有较大幅度积累。由此说明天冬氨酸、谷氨酸、丙氨酸和脯氨酸是西伯利亚蝗卵在越冬期间的主要耐寒物质，这些氨基酸的增加可能是蝗卵进入滞育的标志。胚胎的主要成分为蛋白质，谷氨酸是蛋白质的主要成分，研究中越冬卵的谷氨酸含量最高，与这意大利蝗越冬卵的研究结果一致（葛婧等，2014）。大多数昆虫在低温条件下体内都会产生丙氨酸，研究也发现越冬期间西伯利亚蝗卵丙氨酸含量增加，这可能与发育初期的胚胎主要通过无氧代谢的方式产生能量而使丙氨酸含量增加有关（刘婷和吴伟坚，2008；Goto et al.，2001）。脯氨酸含量增加标志着有翅个体的生成（Raghupathi et al.，1969），本研究中 9 月脯氨酸含量增加最为明显。西伯利亚蝗属于有翅类昆虫，9 月的胚胎解剖结果印证了构成胚胎的组织和器官已发育完成，个体基本生成。越冬后期（1 月），各氨基酸含量大幅增加，可为胚胎发育所需蛋白质的合成提前做好准备，同时为组织器官的构建提供能量（葛婧等，2014；刘婷和吴伟坚，2008）。越冬结束后，蝗卵滞育解除，恢复发育，蝗卵内部快速进行组织器官的构建和发育，各氨基酸含量因胚胎发育消耗和能量代谢而持续降低。

表 2-4　越冬期间西伯利亚蝗越冬卵氨基酸含量和增减率变化

不同月份的氨基酸含量 /（mg/100mg 卵重）和增减率

氨基酸	8月	9月	增减率/%	10月	增减率/%	11月	增减率/%	12月	增减率/%	1月	增减率/%	2月	增减率/%	3月	增减率/%	4月	增减率/%
天冬氨酸	4.59c	3.89bc	-15.25	4.83c	24.16	3.98bc	-17.60	4.22bc	6.03	5.25c	24.41	4.49c	-14.48	2.91ab	-35.19	2.18a	-25.09
苏氨酸	1.64bc	1.78bcd	8.54	2.01cd	12.92	1.88bcd	-6.47	1.87bcd	-0.53	2.35d	25.67	2.02cd	-14.04	1.35ab	-33.17	0.99a	-26.67
丝氨酸	3.07bc	3.00bc	-2.28	3.51c	17.00	3.18c	-9.40	3.23c	1.57	4.00c	23.84	3.40c	-15.00	2.31b	-32.06	1.27a	-45.02
谷氨酸	8.38bc	7.50bc	-10.50	9.78c	30.40	8.26bc	-15.54	8.21bc	-0.61	10.52c	28.14	8.83c	-16.06	5.79ab	-34.43	4.00a	-30.92
甘氨酸	1.55ab	1.94bc	25.16	2.24bc	15.46	1.94bc	-13.39	1.99bc	2.58	2.52c	26.63	2.18c	-13.49	1.45ab	-33.49	1.30a	-10.34
丙氨酸	3.13ab	2.33a	-25.56	3.67ab	57.51	3.26ab	-11.17	3.20ab	-1.84	4.00b	25.00	3.55ab	-11.25	2.43ab	-31.55	1.88ab	-22.63
胱氨酸	0.61a	0.73a	19.67	1.07a	46.58	0.74a	-30.84	0.74a	0.00	1.04a	40.54	0.90a	-13.46	0.62a	-31.11	0.62a	0.00
缬氨酸	2.82a	3.00ab	6.38	3.50ab	16.67	2.83a	-19.14	2.86ab	1.06	3.75b	31.12	3.17ab	-15.47	3.01ab	-5.05	2.94ab	-2.33
甲硫氨酸	0.87ab	0.83ab	-4.60	1.07b	28.92	0.89ab	-16.82	0.89ab	0.00	1.07b	20.22	0.89ab	-16.82	0.78ab	-12.36	0.71a	-8.97
异亮氨酸	2.08bc	1.97bc	-5.29	2.27c	15.23	2.02bc	-11.01	2.03bc	0.50	2.51c	23.65	2.11bc	-15.94	1.50ab	-28.91	1.08a	-28.00
亮氨酸	4.41b	4.06b	-7.94	4.56b	12.32	3.95b	-13.38	3.96b	0.25	4.93b	24.49	4.19b	-15.01	2.87a	-31.50	1.98a	-31.01
酪氨酸	3.35b	3.16b	-5.67	3.62b	14.56	3.12b	-13.81	3.15b	0.96	3.93b	24.76	3.29b	-16.28	2.16a	-34.35	1.56a	-27.78
苯丙氨酸	1.82bc	1.88bc	3.30	2.20c	17.02	1.79bc	-18.64	1.92bc	7.26	2.34c	21.88	2.10c	-10.26	1.41ab	-32.86	0.99a	-29.79
组氨酸	2.43bc	2.77bc	13.99	2.98c	7.58	2.71bc	-9.06	2.62bc	-3.32	3.10c	18.32	2.72bc	-12.26	2.16ab	-20.59	1.57a	-27.31
赖氨酸	2.37bc	2.54bc	7.17	2.89c	13.78	2.67bc	-7.61	2.62bc	-1.87	3.31c	26.34	2.68c	-19.03	1.90ab	-29.10	1.39a	-26.84
精氨酸	3.47b	3.56b	2.59	4.04b	13.48	3.54b	-12.38	3.56b	0.56	4.44b	24.72	3.81b	-14.19	2.35a	-38.32	1.56a	-33.62
脯氨酸	2.72bc	3.63bcd	33.46	4.21d	15.98	3.80bcd	-9.74	3.79cd	-0.26	4.94d	30.34	4.09d	-17.21	2.59ab	-36.67	1.67a	-35.52
总和	49.31bc	48.56bc	-1.52	58.43c	20.33	50.19bc	-14.10	50.75bc	1.12	63.95c	26.01	54.57bc	-14.67	37.59ab	-31.12	27.81a	-26.02

注：表中同一行数据后不同小写字母表示不同月份之间差异显著（$P < 0.05$，Duncan's 多重比较检验）。正负值分别表示比前一个月增加或减少。

2.4　越冬卵呼吸代谢变化

2.4.1　不同月份越冬卵的耗氧率变化

越冬期间，西伯利亚蝗卵耗氧率总体呈上升趋势（$y=0.324x^3-3.922x^2+14.01x-6.882$，$R^2=0.915$）。越冬前和越冬期间，耗氧率总体呈波动性上升趋势。除 2 月外，其他月份（8 月至翌年 1 月）之间耗氧率差异不显著（$P > 0.05$）。越冬后期蝗卵的耗氧率持续上升，4 月蝗卵 O_2 耗氧率最高，为 41.46μl/（粒·h）（$P < 0.05$）（图 2-8）。

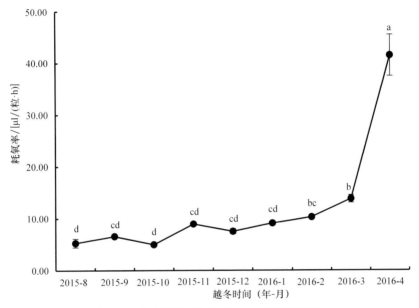

图 2-8　越冬期间西伯利亚蝗越冬卵的耗氧率

图中数据为平均值 ± 标准误，不同小写字母表示不同月份之间差异显著（$P < 0.05$，Duncan's 多重比较检验）

2.4.2　不同月份越冬卵的 CO_2 释放率变化

越冬期间，西伯利亚蝗 CO_2 释放率逐渐上升（$y=0.390x^3-4.763x^2+17.04x-11.36$，$R^2=0.919$）。越冬前期各月及越冬期各月之间的蝗卵 CO_2 释放率均无显著差异（$P > 0.05$）；越冬后期，蝗卵 CO_2 释放率大幅升高，显著高于之前月份（$P < 0.05$）。其中，4 月蝗卵的 CO_2 释放率最高，为 44.80μl/（粒·h）（图 2-9）。

2.4.3　不同月份越冬卵的代谢率变化

越冬期间，蝗卵的代谢率随时间延长也呈逐渐上升的趋势（$y=0.188x^3-2.307x^2+8.364x-5.770$，$R^2=0.918$）。越冬前、越冬期间和越冬后期之间，蝗卵的代谢率差异显著

（$P < 0.05$）。越冬后，蝗卵代谢率显著升高（$P < 0.05$），4 月蝗卵的代谢率最高，为 21.44μl/（mg·h），与其他月份相比，差异极显著（$P < 0.05$）（图 2-10）。

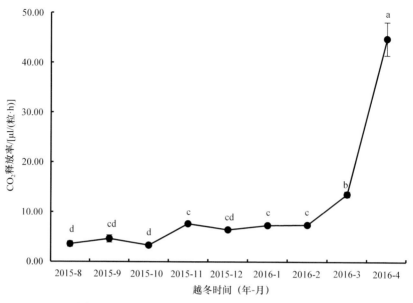

图 2-9　越冬期间西伯利亚蝗越冬卵的 CO_2 释放率

图中数据为平均值 ± 标准误，不同小写字母表示不同月份之间差异显著（$P < 0.05$，Duncan's 多重比较检验）

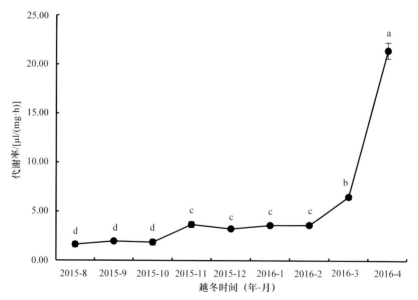

图 2-10　越冬期间西伯利亚蝗越冬卵的代谢率

图中数据为平均值 ± 标准误，不同小写字母表示不同月份之间差异显著（$P < 0.05$，Duncan's 多重比较检验）

2.4.4　不同月份越冬卵呼吸商的变化

越冬前，西伯利亚蝗卵的呼吸商平均值仅为 0.6633。越冬期间蝗卵的呼吸商逐渐降低，平均值为 0.8012，其中，2 月蝗卵的呼吸商显著低于 11 月至翌年 1 月（$P < 0.05$）。越冬后，蝗卵的呼吸商分别为 0.9932、1.0882，显著高于之前月份（$P < 0.05$）（表 2-5）。

表 2-5　越冬期间西伯利亚蝗越冬卵的呼吸商

越冬期间	呼吸商
8 月	0.6414±0.0084d
9 月	0.6883±0.0123d
10 月	0.6603±0.0167d
11 月	0.8537±0.1354c
12 月	0.8531±0.0030c
1 月	0.7912±0.0135c
2 月	0.7066±0.0113d
3 月	0.9932±0.1455b
4 月	1.0882±0.0254a

注：表中同一列数据后不同小写字母表示不同月份之间差异显著（$P < 0.05$，Duncan's 多重比较检验）。

呼吸代谢率被定义为个体的能量流动，常用产生的热量或者用呼吸释放的 CO_2 和消耗的 O_2 来量化，代谢率也可为了解昆虫提供重要的生物学信息（闫蒙云等，2018b；何立志等，2017；Sibly et al.，2012）。研究结果表明，8 ～ 10月，随胚胎生长发育，呼吸代谢水平呈不断上升的趋势。越冬期间，胚胎发育基本停滞不前，胚胎生长分化无明显变化，此时呼吸代谢保持平稳。越冬结束后，蝗卵的呼吸代谢水平急剧增加。胚胎解剖发现，3 月胚胎形态结构变化明显，卵黄质基本消失，胚胎组织代谢活动旺盛，对氧气和能量的需求增加。4 月胚胎发育成熟，卵黄质已完全被消耗，呼吸代谢率水平最高，蝗卵需要更多的能量用于孵化出壳。

呼吸商（respiratory quotient，RQ）是 CO_2 释放率与 O_2 吸收率的比值，可以用作判断呼吸底物性质的指标（吴坤君等，1985）。昆虫呼吸代谢底物，即呼吸代谢消耗的能源物质，主要包括糖类、脂类和蛋白质，不同能源物质氧化时的呼吸商不同，糖类、脂类、蛋白质的呼吸商分别为 1.0、0.7、0.8（吴坤君等，1985）。由此判断，西伯利亚蝗卵越冬前呼吸代谢的底物主要为脂肪，呼吸商均 < 0.7000。越冬期间胚

胎维持在滞育阶段，呼吸商平均值为 0.8000，代谢底物主要为脂肪和少量的糖类，且糖类供能比例逐渐减少。分析原因，越冬期间以脂肪（相对糖类和蛋白质来说）为主的能耗模式在为蝗卵存活提供能量的同时，还可以保留更多的营养物质（吴坤君等，1989）。越冬结束后，胚胎发育能量需求快速增加，糖类则可以快速提供能量，导致呼吸商急剧上升，分别达到 0.9932 和 1.0882（表 2-5）。

第3章 温度胁迫对蝗虫生理生化特性的影响

3.1 蝗虫耐受高温能力

物种对环境温度的适应能力和在新地区的繁殖能力取决于其生态适应性和对极端温度的忍耐性（陈兵和康乐，2005；Domingo and Heong，1992）。昆虫经过高温暴露后统计存活率或死亡率是评价其耐热性常用且可靠的方法，半致死温度和致死温度可用来量化昆虫适应高温的能力。

27～48℃，随温度升高，意大利蝗死亡率增加（图 3-1a）。不超过 39℃，雌虫死亡率从 27℃的 0.33% 上升至 3.17%。超过 39℃后，死亡率依次上升至 9.33%（42℃）、14.67%（45℃）和 38.83%（48℃），48℃时死亡率显著大于其他温度下的死亡率（$P < 0.05$），51℃时死亡率为 100%。不超过 36℃，雄虫死亡率从 27℃的 0.17% 上升至 3.33%，随后死亡率上升至 6.50%（39℃）、18.33%（42℃）、22.67%（45℃）和 51.17%（48℃），48℃时死亡率显著大于其他温度下的死亡率（$P < 0.05$），51℃时死亡率达到 100%。雌虫半致死温度和致死温度分别为 48.76℃、50.67℃，雄虫分别为 47.90℃、50.53℃。

24～42℃，随温度升高，西伯利亚蝗死亡率增加（图 3-1b）。不超过 30℃，雌虫死亡率从 24℃的 3.75% 上升至 12.52%，超过 30℃后死亡率依次上升至 14.26%（33℃）、15.12%（36℃）、21.33%（39℃）和 28.67%（42℃），45℃时死亡率达到 100%。24～27℃范围内，雄虫死亡率无显著差异（$P > 0.05$），超过 27℃后死亡率显著大于 24℃的死亡率（$P < 0.05$），45℃时死亡率达到 100%。雌虫半致死温度和致死温度分别为 39.21℃、42.10℃，雄虫分别为 36.11℃、41.43℃。

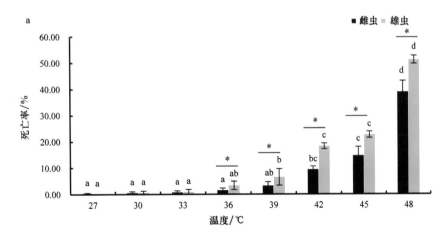

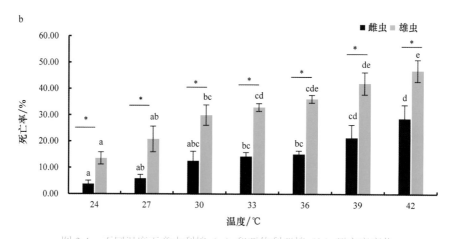

图 3-1　不同温度下意大利蝗（a）和西伯利亚蝗（b）死亡率变化

图中数据为平均值 ± 标准误，同一组数据上不同字母表示温度之间差异显著（$P < 0.05$，最小显著差数法 LSD 检验）；＊表示同一温度下雌、雄虫之间差异显著（$P < 0.05$，独立样本 t 检验）

3.2　高温胁迫对蝗虫生理生化物质的影响

昆虫体内应激产生较多具有保护作用的生理生化物质是其耐受高温的重要机制之一（Ziter et al.，2012；杜尧等，2007；Dahlhoff and Rank，2007）。本节分析高温胁迫下蝗虫体内水分、海藻糖、不饱和脂肪酸及蛋白质含量的应激响应变化。

3.2.1　高温胁迫下蝗虫自由水与结合水比值变化

面对高温，在无法采取任何行为活动躲避的情况下，昆虫可以通过体表失水降低体温以维持体内正常的内环境，从而避免短时高温伤害。体壁对昆虫维持体内水分平衡有着极其重要的作用，当温度超过体壁的溶解温度时，体壁蜡层就会造成不可逆转的破坏，导致昆虫失水量急剧上升，此时温度称为临界转变温度（critical transformation temperature）（Cossins and Prosser，1978）。自由水与结合水的比值大小可以用来反映昆虫的生理活性及其对高温耐受能力的大小（Prange，1996）。

24 ~ 48℃，随温度升高，雌、雄意大利蝗自由水与结合水的比值先增大后减小（表 3-1）。雌、雄意大利蝗自由水与结合水的比值分别在 39℃、36℃达到最大，依次为 120.04、130.06，显著高于其他温度下的比值（$P < 0.05$）。随后比值开始下降，至 48℃最小，雌、雄蝗虫自由水与结合水的比值分别为 68.59、66.14。研究得出，雌、雄意大利蝗的临界转变温度分别为 39℃、36℃。

24 ~ 42℃，随温度升高，西伯利亚蝗自由水与结合水的比值先增大后减小（图 3-2）。24 ~ 33℃范围内，西伯利亚蝗自由水与结合水的比值逐渐增大，33℃达到最大，为 40.11。随后比值开始减小，至 42℃最小，为 30.82，显著低于 30℃、

33℃、36℃的比值（$P < 0.05$）。研究得出，西伯利亚蝗的临界转变温度为33℃。

表 3-1 不同温度下雌、雄意大利蝗自由水与结合水的比值变化

温度/℃	自由水与结合水的比值	
	雌虫	雄虫
27	99.72±12.18ab	97.94±10.64bc*
30	95.21±2.27ab	96.69±3.21bc*
33	97.78±6.22ab	94.94±3.39bc*
36	109.54±14.29ab	130.06±2.18d*
39	120.04±15.16b	119.72±8.74cd*
42	85.65±0.14ab	85.36±0.89ab*
45	71.94±0.37a	77.21±2.64ab*
48	68.59±3.00a	66.14±3.88a*

注：表中数据为平均值 ± 标准误；同一列数据后不同字母表示温度之间差异显著（$P < 0.05$，最小显著差数法 LSD 检验）。* 表示同一温度下雌、雄虫之间差异不显著（$P > 0.05$）。

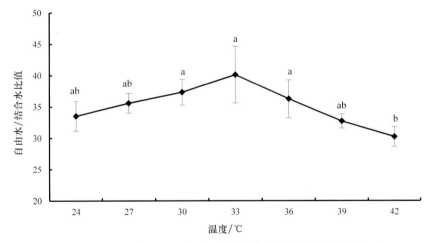

图 3-2 不同温度下西伯利亚蝗体内自由水与结合水的比值变化

图中数据为平均值 ± 标准误，同一组数据上方不同字母表示温度之间差异显著（$P < 0.05$，最小显著差数法 LSD 检验）

3.2.2 高温胁迫下蝗虫海藻糖、游离蛋白质和甘油含量变化

海藻糖广泛存在于昆虫体内，不仅为昆虫生长发育和生命活动提供所需能量，而且当昆虫面对逆境胁迫时（如高温、寒冷等），虫体会大量合成海藻糖以提高耐受环境胁迫的能力。游离蛋白质是昆虫体内参与代谢的渗透调节物质之一，对抵御或减轻极端环境的伤害具有保护作用。

　　27 ～ 48℃，随温度升高，雌、雄意大利蝗海藻糖和游离蛋白质的含量先增加后减少（图 3-3a，图 3-3b）。雌、雄蝗虫海藻糖含量分别在 36℃、33℃达到最多，依次为 18.68μg/g、18.59μg/g；随后开始下降，48℃时降至最少，分别为 18.28μg/g、17.99μg/g，与其他温度下的含量差异显著（$P < 0.05$）。雌、雄蝗虫游离蛋白质含量在 33℃达到最多，分别为 18.28mg/g、8.57mg/g，48℃时降至最少，分别为 7.22mg/g、6.83mg/g。

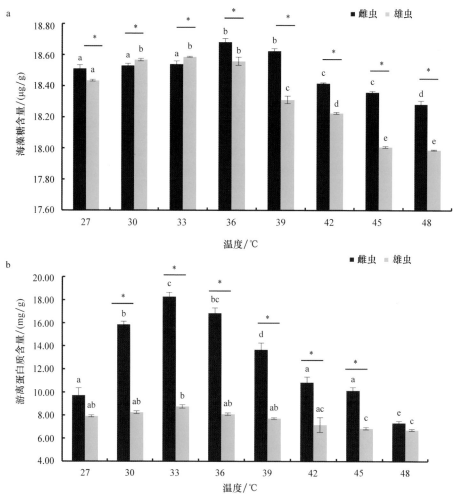

图 3-3　不同温度下意大利蝗体内海藻糖（a）和游离蛋白质（b）含量变化

图中数据为平均值 ± 标准误，同一组数据上方不同字母表示温度之间差异显著（$P < 0.05$，最小显著差数法 LSD 检验）；* 表示同一温度下雌、雄虫之间差异显著（$P < 0.05$，独立样本 t 检验）

　　随温度升高，西伯利亚蝗海藻糖和甘油的含量先增加后减少（图 3-4a，图 3-4b）。

24～30℃，海藻糖和甘油的含量逐渐增加，30℃时含量达到最多，分别为18.69μg/g、261.43μg/g，显著大于其他温度的含量（$P < 0.05$）；42℃降至最少，海藻糖和甘油的含量分别为18.22μg/g、104.59μg/g，显著低于其他温度下的含量（$P < 0.05$）。

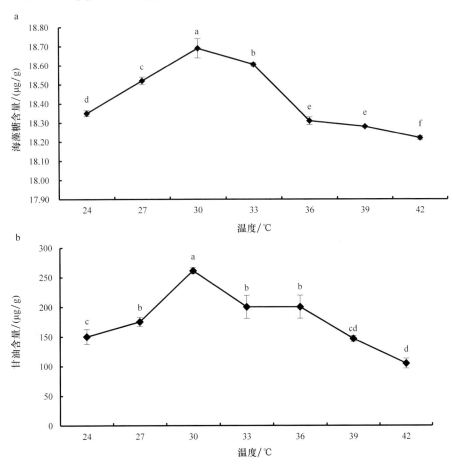

图 3-4　不同温度下西伯利亚蝗体内海藻糖（a）和甘油（b）含量变化

图中数据为平均值 ± 标准误，同一组数据上方不同字母表示温度之间差异显著（$P < 0.05$，最小显著差数法 LSD 检验）

3.2.3　高温胁迫下蝗虫不饱和脂肪酸含量变化

昆虫体内脂肪含量与环境温度密切相关，温度升高，脂肪消耗速率加快，代谢过程中产生的代谢水可作为体内所需水源，有助于虫体度过胁迫环境。27～48℃，随温度升高，雌、雄意大利蝗三种不饱和脂肪酸含量先增加后减少（表3-2）。雌虫油酸、亚油酸和亚麻酸含量在33℃达到最多，依次为124.09mg/g、49.02mg/g 和69.09mg/g。雄虫亚油酸和亚麻酸含量在33℃最多，分别为28.07mg/g、38.61mg/g，油酸则在 30℃最多，为 56.23mg/g。雌虫亚油酸含量在 27℃最少，为 23.27mg/g，雄虫则在 48℃最少，为 16.18mg/g；其他不饱和脂肪酸在 48℃降至最少，依次为油酸40.19mg/g（雌）、2.68mg/g（雄），亚麻酸 25.57mg/g（雌）、11.41mg/g（雄）。

表 3-2　　不同温度下意大利蝗体内三种不饱和脂肪酸的含量变化

温度/℃	油酸含量 / (mg/g)		亚油酸含量 / (mg/g)		亚麻酸含量 / (mg/g)	
	雌虫	雄虫	雌虫	雄虫	雌虫	雄虫
27	79.93±11.23abA	25.90±12.95abB	23.27±2.23aA	21.72±7.348aA	43.73±0.00aA	22.34±1.43abcB
30	107.44±9.19cA	56.23±7.08bB	42.48±1.07bcA	26.35±3.47aB	64.22±6.89cA	36.51±5.08cB
33	124.09±15.74cA	47.38±3.99abB	49.02±8.44cA	28.07±7.61aB	69.09±8.54cA	38.61±0.66cB
36	110.26±19.81bcA	30.49±15.26abB	44.35±8.02bcA	23.75±8.58aA	42.34±4.27bA	26.70±2.65abcB
39	97.01±8.90bcA	31.43±16.97abB	42.60±5.33bcA	22.61±1.84aB	45.20±4.39bcA	18.38±7.16abB
42	90.18±1.21bcA	23.21±11.61abB	33.38±3.07bcA	23.29±9.04aA	34.33±11.45bA	21.16±1.31abcA
45	61.95±3.89aA	20.69±10.37abB	29.63±2.03bcA	20.14±1.56aA	32.55±1.76bA	17.11±9.05abA
48	40.19±1.62aA	2.68±1.34aB	29.27±0.00aA	16.18±3.66aB	25.57±1.79abA	11.41±0.61aB

注：表中数据为平均值 ± 标准误；同一行数据后不同大写字母表示雌雄之间差异显著（$P < 0.05$，独立样本 t 检验）；同一列数据后不同小写字母表示温度之间差异显著（$P < 0.05$，最小显著差数法 LSD 检验）。

随温度升高，西伯利亚蝗三种不饱和脂肪酸含量先增加后减少（表 3-3）。24 ～ 30℃，3 种不饱和脂肪酸含量逐渐增加，30℃含量最多，油酸、亚油酸和亚麻酸含量分别为 79.06mg/g、78.66mg/g 和 227.59mg/g，与其他温度下的含量差异显著（$P < 0.05$）；超过 30℃后含量开始减少，42℃降至最少，依次为 4.34mg/g、3.04mg/g 和 11.07mg/g，与其他温度条件下的含量差异显著（$P < 0.05$）。

表 3-3　　不同温度下西伯利亚蝗体内三种不饱和脂肪酸的含量变化

温度 /℃	油酸含量 / (mg/g)	亚油酸含量 / (mg/g)	亚麻酸含量 / (mg/g)
24	10.17±0.13e	8.44±0.16d	25.38±0.23a
27	12.90±0.47d	10.37±0.17c	29.55±0.22b
30	79.06±1.57a	78.66±1.79a	227.59±0.09c
33	17.56±0.03b	12.48±0.05b	32.75±0.08d
36	14.87±0.31c	12.29±0.11b	33.38±0.09e
39	14.22±0.03cd	9.96±0.06cd	28.38±0.14f
42	4.34±0.12f	3.04±0.04d	11.07±0.06g

注：表中数据为平均值 ± 标准误；同一列数据后不同字母表示温度之间差异显著（$P < 0.05$，最小显著差数法 LSD 检验）。

3.3　高温胁迫对蝗虫酶活性的影响

保护酶活性的应激变化是昆虫响应高温胁迫的一种重要策略（Liochev and Fridovich，2007）。高温下虫体内过氧化物酶（eroxiase，POD）、超氧化物歧化酶（superoxide dismutase，SOD）和过氧化氢酶（catalase，CAT）构成的保护酶系统可有效清除体内产生的氧毒害物质，SOD 可通过歧化反应清除生物细胞中的 O_2^-，CAT 可酶促降解过氧化氢（H_2O_2），POD 可清除细胞内有害自由基并能催化有毒物质。

随温度升高，雌、雄意大利蝗 SOD 酶活性先上升后下降（表 3-4）。雌、雄蝗虫 SOD 酶活性分别在 33℃、30℃最高，依次为 32.20U、32.49U，显著大于其他温度下的酶活性（$P < 0.05$）。随后开始下降。酶活性最低的温度分别在 27℃、36℃，依次为 21.47U、22.35U。雌、雄西伯利亚蝗 SOD 酶活性亦是先上升后下降，分别在 33℃、36℃最高，依次为 41.10U、39.63U。酶活性最低的温度分别在 48℃、45℃，酶活性分别为 20.06U、26.44U。

随温度升高，雌性意大利蝗体内 POD 酶活性先下降后上升，雄虫体内 POD 酶活性先上升后下降（表 3-4）。雌、雄蝗虫 POD 酶活性分别在 42℃、30℃最高，依次为 1.19U、1.31U，随后开始下降。酶活性最低的温度分别在 36℃、42℃，依次为 0.70U、0.81U。雌、雄西伯利亚蝗 POD 酶活性先上升后下降，分别在 30℃、24℃最高，依次为 2.37U、1.77U，POD 酶活性最低的温度分别在 42℃、33℃，酶活性分别为 1.35U、1.10U。

随温度升高，雌、雄意大利蝗 CAT 酶活性先上升后下降（表 3-4），均在 33℃达到最高，分别为 13.20U、6.91U，随后开始下降，分别在 48℃和 42℃降至最低，依次为 9.16U、4.91U。雌、雄西伯利亚蝗 CAT 酶活性亦先上升后下降，均在 33℃达到最高，依次为 6.67U、5.48U，酶活性最低温度分别为 30℃、39℃，酶活性分别为 4.04U、2.30U。

3.4　高温胁迫下蝗虫生理活性物质增减幅差异

增减幅指在一定时期内的增减量与同期基期水平的比值（增减率 = 该时期增减量 / 同期基期的量），表明某一物质在一定阶段内的增加或减少程度，以此表示其对外界环境变化的应激响应速度，正、负值分别表示该时期增加或减少的程度。分析意大利蝗和西伯利亚蝗体内生理活性物质对高温胁迫的应激反应差异，结果表明，生理活性物质含量变化速率不同，高温胁迫下不饱和脂肪酸的增减幅最大，海藻糖的增减幅最小（表 3-5，表 3-6）；POD 酶活性增减幅较大，SOD、CAT 酶活性增减幅则因雌雄差异而不同（表 3-7）。

表 3-4　不同温度下意大利蝗和西伯利亚蝗三种酶活性变化　　　　　　　　（单位：U）

温度/℃	意大利蝗						西伯利亚蝗					
	雌虫			雄虫			雌虫			雄虫		
	POD	SOD	CAT	POD	SOD	CAT	POD	SOD	CAT	POD	SOD	CAT
24	1.07±0.06Abc	21.47±2.74Aa	9.54±0.53Aa*	0.90±0.06Aabc	27.41±0.13Aa	5.07±0.98Aa*	1.58±0.13ab	21.26±0.13ab	4.43±0.13ab	1.77±0.05cd	27.69±0.05a	4.49±0.05ab
27	1.09±0.02Abc	30.17±2.28Abc	11.29±1.38Aa*	1.31±0.16Aabc	32.49±1.57Ab	6.88±0.49Ac*	1.43±0.08Ba	27.42±0.08Babc	4.40±0.08Bab	1.49±0.05Bb	29.19±0.05Aa	4.00±0.05Aab
30	0.84±0.06Aab	32.20±3.69Ac	13.20±1.27Aa*	1.08±0.06Abc	24.86±1.54Aac	6.91±0.30Ac*	2.37±0.06Bc*	37.20±0.06Bcd	4.04±0.06Ba	1.73±0.11Bcde*	32.28±0.11Aa	4.77±0.11Aab
33	0.70±0.02Aa*	26.43±0.63Aabc	9.40±1.05Aa	1.15±0.07Ab*	22.35±1.09Ac*	5.13±0.52Aabc	1.90±0.19Bbd	41.10±0.19Bd	6.67±0.19Bb	1.10±0.15Bd	35.57±0.15Ba	5.48±0.15Aa
36	0.98±0.05Aabc	22.37±0.21Aa	10.06±0.85Aa	0.99±0.13Aab	24.56±1.28Aac	5.95±1.76Acd	1.98±0.11Bcd*	31.20±0.11Bbcd	5.30±0.11Bab	1.58±0.01Bbc*	39.63±0.01Ba	4.69±0.01Aab
39	1.19±0.07Ac*	25.94±0.26Aab	9.57±1.81Aa	0.81±0.10Aac*	23.32±2.53Aac	4.91±0.81Aabc	1.95±0.18Bbd	34.26±0.18Bcd	5.04±0.18Bab*	1.57±0.06Bbc	26.44±0.06Aa	2.30±0.06Ab*
42	1.17±0.21c	24.51±1.62ab	9.74±1.85a	0.86±0.04a	23.29±1.95ac	5.07±1.19abc	1.35±0.09Aa	20.06±0.09Aa	5.07±0.09Bab	1.16±0.06Ba	28.40±0.06Aa	3.34±0.06Aab
45	1.10±0.09bc*	24.99±1.18ab	9.16±1.63a	0.92±0.07a*	23.42±2.14ac	5.12±0.73ab	—	—	—	—	—	—
48	—	—	—	—	—	—	—	—	—	—	—	—

注：表中数据为平均值±标准误；同一行数据后不同大写字母表示不同性别蝗虫相同温度之间差异显著（$P < 0.05$，独立样本 t 检验），同一列数据后不同小写字母表示温度之间酶活性差异显著（$P < 0.05$，最小显著差异法 LSD 检验和 Duncan's 多重比较检验），* 表示同一温度下同种蝗虫同性别之间酶活性差异显著（$P < 0.05$，独立样本 t 检验），"—"表示该温度处理后蝗虫死亡率为 100%。

表 3-5　不同温度下意大利蝗体内物质含量增减率变化

温度 /℃	自由水/结合水 /%		海藻糖 /%		游离蛋白质 /%		油酸 /%		亚油酸 /%		亚麻酸 /%	
	雌虫	雄虫	雌虫	雄虫	雌虫	雄虫	雌虫	雄虫	雌虫	雄虫	雌虫	雄虫
27～30	-4.53	-1.28	0.10	0.72	66.03	6.14	39.67	117.13	82.54	21.31	46.85	63.42
30～33	2.71	-1.80	0.05	0.10	15.30	3.02	15.49	-15.74	15.39	6.53	7.60	5.74
33～36	12.03	36.98	0.77	-0.15	-8.49	-2.17	-11.13	-35.63	-9.53	-15.38	-38.73	-30.84
36～39	9.59	-7.95	-0.31	-1.33	-18.29	-7.43	-12.03	3.07	-3.93	-4.82	6.77	-31.15
39～42	-28.65	-28.70	-1.12	-0.47	-21.74	-6.76	-7.04	-26.16	-21.64	3.00	-24.27	15.09
42～45	-16.00	-9.55	-0.31	-1.20	-1.94	-3.78	-31.31	-10.85	-11.24	-13.51	-4.92	-19.15
45～48	-4.66	-14.34	-0.41	0.00	-31.15	-1.88	-35.13	-87.05	-1.20	-19.65	-21.44	-33.28

注：表中负值表示含量减少，正值表示含量增加。

表 3-6　不同温度下西伯利亚蝗体内物质含量增减率变化

温度 /℃	海藻糖 /%	甘油 /%	油酸 /%	亚油酸 /%	亚麻酸 /%
24～27	0.89	22.32	26.86	22.88	16.33
24～30	1.80	74.26	677.37	832.19	796.58
24～33	1.44	35.03	72.63	47.84	29.02
24～36	-0.22	35.45	46.19	45.60	31.52
24～39	-0.36	-14.78	39.83	18.05	11.84
24～42	-0.77	-30.29	-57.30	-63.99	-56.40

注：表中负值表示含量减少，正值表示含量增加。

表 3-7　不同温度下蝗虫三种酶活性增减率变化

温度 /℃	意大利蝗						西伯利亚蝗					
	POD/U		SOD/U		CAT/U		POD/U		SOD/U		CAT/U	
	雌虫	雄虫	雌虫	雄虫	雌虫	雄虫	雌虫	雄虫	雌虫	雄虫	雌虫	雄虫
24～27							-9.49	15.82	28.97	5.42	-0.68	-10.91
27～30	1.87	45.56	40.52	18.53	18.34	35.70	65.73	-16.11	35.67	-10.59	-8.18	19.25
30～33	-22.94	-17.56	6.73	-23.48	16.92	0.44	-19.83	-36.42	10.48	10.19	65.10	14.88
33～36	-16.67	6.48	-17.92	-10.10	-28.79	-25.76	-4.21	43.64	-24.09	11.41	-20.54	-14.42
36～39	40.00	-13.91	-15.36	9.89	7.02	15.98	-1.51	-0.63	9.81	-33.28	-4.91	-50.96
39～42	-21.43	-18.18	15.96	-5.05	-4.87	-17.48	-30.77	-26.11	-41.45	7.41	0.60	45.22
42～45	-1.68	6.17	-5.51	-0.13	1.78	3.26	—	—	—	—	—	—
45～48	-5.98	6.98	1.96	0.56	-5.95	0.99	—	—	—	—	—	—

注：正、负值分别表示相对于前一处理温度酶活性值的增幅或减幅，"—"表示该温度处理后蝗虫死亡率为100%。

随着高温胁迫强度增加，意大利蝗和西伯利亚蝗体内生理活性物质含量上升或活性增强，对高温耐受能力亦不断增强，这是虫体受到外界不良因素干扰达到一定程度时所表现出来的一种应激反应（李爽等，2016，2015；李娟等，2014）。但随高温胁迫继续增强，生理活性物质含量或活性下降，蝗虫死亡率增加，当超过耐受极限温度后，体内代谢系统紊乱，虫体失去耐高温能力。

第4章 高温胁迫对蝗虫呼吸代谢的影响

昆虫是变温动物，环境温度是影响其呼吸代谢活动的重要因素之一。在适宜的温度范围内，昆虫呼吸代谢不发生变化或变化幅度小（陈爱端等，2011；Kolluru et al.，2004；戈峰和陈常铭，1990）。气门是昆虫特有的呼吸器官，是昆虫与外界进行气体交换的通道，掌握气门结构及其功能适应性是阐明昆虫呼吸代谢特征的基础。

4.1 蝗虫气门的超显微结构

意大利蝗和西伯利亚蝗属于多气门型，有10对气门，中、后胸各1对，腹部1～8节各1对。电子显微镜下观察，意大利蝗和西伯利亚蝗的气门结构都由1对唇形活瓣（valve）、垂叶（sclerotized pad）及着生在垂叶上的闭肌（closer muscle）组成。

意大利蝗和西伯利亚蝗胸部第1对气门为典型的外闭式，且明显大于其他9对气门。意大利蝗胸部第1对气门呈叶片状，凸出于体壁，周围光滑，气门唇形活瓣明显。胸部第2对气门呈长椭圆形，凹陷于体壁（图4-1）。气门内壁着生有毛刷状的过滤结构，称为筛板（filter apparatus），呈指状，单生。腹部8对气门，近似椭圆形，凹陷于体壁，腹部第1对气门明显大于其他7对气门（王冬梅，2016）。腹部气门筛板呈柱状，单生（图4-2）。西伯利亚蝗胸、腹部的气门结构与意大利蝗相似（图4-3），气门内壁的筛板数量总体变化特点呈现胸部的多于腹部、腹部前端的多于后端的（钱雪等，2016）。

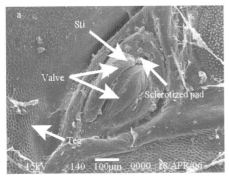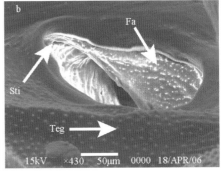

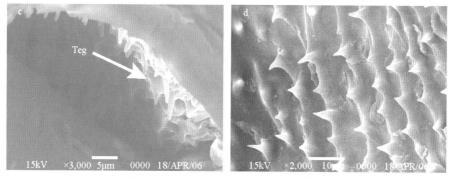

图 4-1　意大利蝗胸部气门超显微结构

图 a、图 b 分别为胸部第 1 对气门（×130）和第 2 对气门（×400）外面观；图 c 为筛板（×2000）；图 d 为体壁上筛板（×1500）。Sti：气门；Teg：体壁；Fa：筛板；Valve：唇形活瓣；Sclerotized pad：垂叶

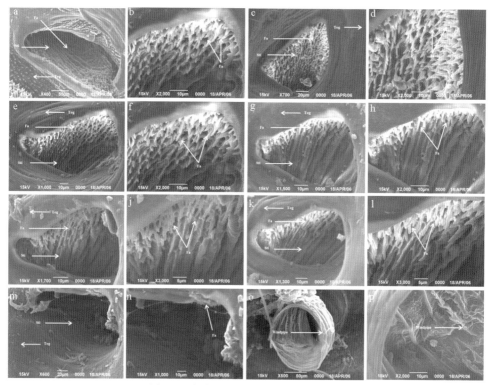

图 4-2　意大利蝗腹部气门超显微结构

图 a、图 b 分别为第 1 腹节气门的外面观（×400）和筛板（×2000）；图 c、图 d 分别为第 2 腹节气门的外面观（×700）和筛板（×2000）；图 e、图 f 分别为第 3 腹节气门的外面观（×1000）和筛板（×2000）；图 g、图 h 分别为第 4 腹节气门的外面观（×1500）和筛板（×2000）；图 i、图 j 分别为第 5 腹节气门的外面观（×1700）和筛板（×3000）；图 k、图 l 分别为第 6 腹节气门的外面观（×1300）和筛板（×3000）；图 m、图 n 分别为第 7 腹节气门外面观（×600）和筛板（×1000）；图 o、图 p 为气管的外面观（×500）和筛板（×2000）。Sti：气门；Teg：体壁；Fa：筛板；Windpipe：气管

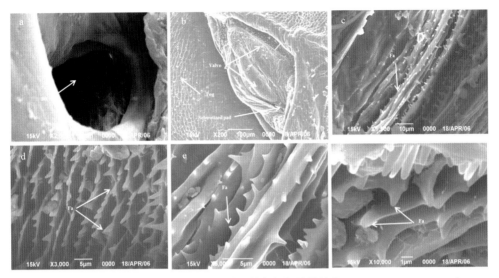

图 4-3　西伯利亚蝗气门超显微结构

图 a 为腹部气门外面观（×2000）；图 b 为胸部气门外面观（×2000）；图 c ～ 图 f 分别为筛板（c. ×1500，d. ×3000，e. ×5000，f. ×10 000）。Sti：气门；Teg：体壁；Fa：筛板；Valve：唇形活瓣；Sclerotized pad：垂叶

4.2　高温胁迫对蝗虫呼吸代谢的影响

在适宜的温度范围内，昆虫的呼吸代谢处于最协调状态，当低于或超过适宜温度范围而处于胁迫状态时，昆虫将会调整呼吸代谢强度以提高温度胁迫下的适应能力（庞雄飞，1963）。通常用 O_2 吸收率、CO_2 释放率和代谢率衡量昆虫呼吸代谢的强弱。

4.2.1　高温胁迫对蝗虫 O_2 吸收率的影响

O_2 吸收率是指单位时间内虫体的耗氧量。15 ～ 35℃，意大利蝗的 O_2 吸收率逐渐增大（图 4-4）。15℃时 O_2 吸收率最小，为 0.002ml/min，35℃时最大，为 0.007ml/min，与其他温度下的 O_2 吸收率差异显著（$P < 0.05$）。20 ～ 30℃，意大利蝗的 O_2 吸收率变化平缓，差异不显著（$P > 0.05$）。

18 ～ 42℃，雌、雄西伯利亚蝗的 O_2 吸收率先增大后减小（图 4-5）。18℃时雌、雄蝗虫的 O_2 吸收率最小，均为 0.002ml/min，36℃时 O_2 吸收率最大，分别为 0.007ml/min、0.009ml/min，与其他温度下的 O_2 吸收率差异显著（$P < 0.05$）。21 ～ 27℃，西伯利亚蝗的 O_2 吸收率变化平缓，差异不显著（$P > 0.05$）。

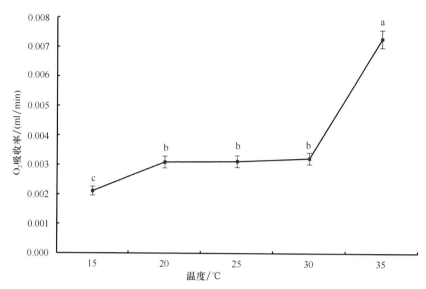

图 4-4　不同温度下意大利蝗 O_2 吸收率变化

图中数据为平均值 ± 标准误，同一组数据上方不同字母表示温度之间差异显著（$P < 0.05$，最小显著差数法 LSD 检验）

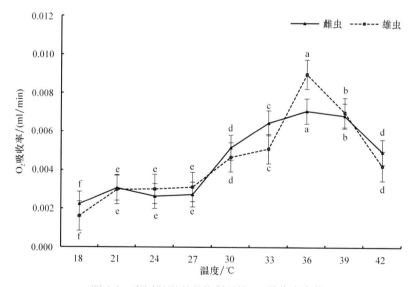

图 4-5　不同温度下西伯利亚蝗 O_2 吸收率变化

图中数据为平均值 ± 标准误，同一组数据上方不同字母表示温度之间差异显著（$P < 0.05$，最小显著差数法 LSD 检验）

温度系数（Q_{10}）是指每升高 10℃ 虫体 O_2 吸收率的变化幅度。Q_{10} 值可用来反映呼吸率随温度变化的敏感程度。Q_{10} 值越大，表明昆虫在该温度范围内由温度上升所引起的耗氧率变幅越大，Q_{10} 值小则表明温度变化对昆虫耗氧率的影响小，说明该温度范围是昆虫适宜的温度条件。研究表明，当温度由 20℃上升到 30℃时，意大利蝗的 Q_{10} 值最小，为 1.03。25℃升高至 35℃时的 Q_{10} 值最大，为 2.42。当温度从 15℃升高至 25℃时为 1.43。由此判断 20～30℃是意大利蝗适宜的温度范围。同理判断，21～27℃是西伯利亚蝗适宜的温度范围。

4.2.2　高温胁迫对蝗虫 CO_2 释放率的影响

CO_2 释放率指单位时间内虫体的 CO_2 释放量。15～35℃，意大利蝗的 CO_2 释放率逐渐增大，15℃时最小，为 0.002ml/min，35℃时最大，为 0.007ml/min，与其他温度下的 CO_2 释放率差异显著（$P < 0.05$）（图 4-6）。18～42℃，雌、雄西伯利亚蝗成虫的 CO_2 释放率先增大后减小（图 4-7）。18℃时雌、雄蝗虫的 CO_2 释放率最小，均为 0.002ml/min，至 39℃时最大，均为 0.007ml/min，与其他温度下的 CO_2 释放率差异显著（$P < 0.05$）。

4.2.3　高温胁迫对蝗虫代谢率的影响

代谢率指单位体重的耗氧量。15～35℃，意大利蝗的代谢率逐渐增大（图 4-8），15℃时最小，单位体重的耗氧量为 0.011ml/（g·min）；35℃时最大，为 0.062ml/（g·min），与其他温度下的代谢率差异显著（$P < 0.05$）。20～30℃，意大利蝗的代谢率变化平缓，差异不显著（$P > 0.05$）。

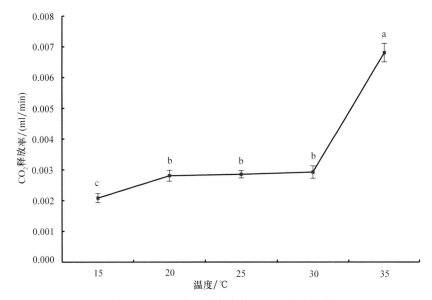

图 4-6　不同温度下意大利蝗 CO_2 释放率变化

图中数据为平均值 ± 标准误，同一组数据上方不同字母表示温度之间差异显著（$P < 0.05$，最小显著差数法 LSD 检验）

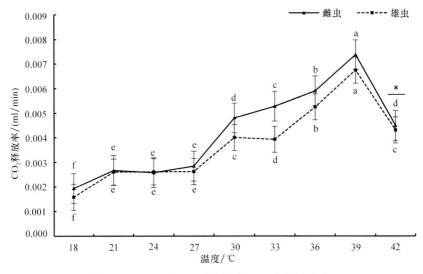

图 4-7　不同温度下西伯利亚蝗 CO_2 释放率变化

图中数据为平均值 ± 标准误，同一组数据上方不同字母表示温度之间差异显著（$P < 0.05$，最小显著差数法 LSD 检验）；* 表示同一温度下雌、雄之间差异显著（$P < 0.05$，独立样本 t 检验）

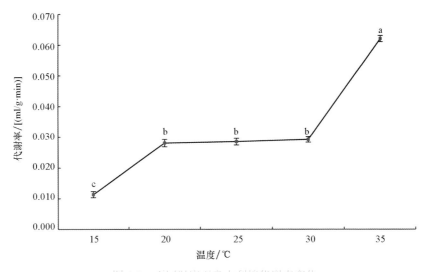

图 4-8　不同温度下意大利蝗代谢率变化

图中数据为平均值 ± 标准误，同一组数据上方不同字母表示温度之间差异显著（$P < 0.05$，最小显著差数法 LSD 检验）

　　18 ～ 42℃，雌、雄西伯利亚蝗代谢率先增大后减小（图 4-9）。18℃时雌、雄西伯利亚蝗代谢率最小，单位体重耗氧量分别为 0.021ml/（g·min）、0.024ml/（g·min），与其他温度下的代谢率差异显著（$P < 0.05$）；雌、雄蝗虫代谢率分别在 39℃、

36℃最大，依次为 0.059ml/（g·min）、0.111ml/（g·min），与其他温度下的代谢率差异显著（$P < 0.05$）。

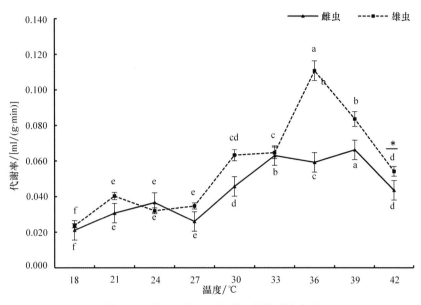

图 4-9　不同温度下西伯利亚蝗代谢率变化

图中数据为平均值 ± 标准误，同一组数据上方不同字母表示温度之间差异显著（$P < 0.05$，最小显著差数法 LSD 检验）；＊表示同一温度下雌、雄虫之间差异显著（$P < 0.05$，独立样本 t 检验）

4.2.4　高温胁迫对蝗虫呼吸商的影响

15 ～ 35℃，意大利蝗的呼吸商差异不显著（$P > 0.05$），平均值为 0.945，判断意大利蝗呼吸消耗的底物主要为糖类物质（王冬梅等，2014）（表 4-1）。18 ～ 42℃，雌、雄西伯利亚蝗的呼吸商差异不显著（$P > 0.05$），平均值分别为 0.9515、0.9497，由此判断，西伯利亚蝗呼吸消耗的底物亦为糖类物质（钱雪等，2016）（表 4-2）。

表 4-1　不同温度下意大利蝗的呼吸商变化

温度 /℃	呼吸商
15	0.9372±0.024a
20	0.9444±0.017a
25	0.9559±0.018a
30	0.9563±0.020a
35	0.9310±0.005a

注：表中数据为平均值 ± 标准误，数据后相同字母表示无显著差异（$P > 0.05$，独立样本 t 检验）。

表 4-2　不同温度下雌、雄西伯利亚蝗呼吸商变化

组别	18℃	21℃	24℃	27℃	30℃	33℃	36℃	39℃	42℃
雌虫	0.9301± 0.044a	0.9096± 0.0410a	0.9865± 0.0250a	0.9961± 0.0280a	0.9634± 0.0375a	0.9244± 0.0290a	0.9389± 0.0320a	0.9806± 0.0240a	0.9347± 0.0200a
雄虫	0.9838± 0.0410a	0.9039± 0.036a	0.9319± 0.0440a	0.9189± 0.0260a	0.9936± 0.0312a	0.9270± 0.0230a	0.9207± 0.0260a	0.9247± 0.0610a	1.0435± 0.0290a

注：表中数据为平均值 ± 标准误，数据后相同字母表示无显著差异（$P > 0.05$，独立样本 t 检验）。

第 5 章 高温胁迫对蝗虫呼吸模式的影响

昆虫的呼吸模式包括不连续气体交换循环（discontinuous gas exchange cycle，DGC）和连续气体交换循环（continuous gas exchange cycle，CGC）两种，前者是有规律周期性吸入 O_2 和释放 CO_2，后者则是随机连续吸入 O_2 和释放 CO_2（Bartholomew et al.，1985）。根据气门开闭状况，将一个完整的 DGC 周期分为关闭、颤动和开放3 个阶段（Contreras and Bradley，2009）。气门关闭阶段，即虫体与外界气体交换量接近零，气管中的 O_2 被输送到虫体各个组织供细胞呼吸，气管壁氧分压下降；当下降到一定值时，气门微弱开启和关闭，外界 O_2 进入虫体，气管中极少量的 CO_2 释放，气体交换量低，此阶段为颤动阶段；随着气管中 CO_2 浓度不断升高，气管壁压力不断增加，当增加到一定值时，触发气门打开，大量的 CO_2 释放，即气门开放阶段。由于根据 O_2 吸入量和 CO_2 释放量很难将关闭、颤动阶段明显区分，故将两者统称为暴发间期（interburst phase），气门开放阶段则称为暴发期（burst phase）。即一个完整的 DGC 呼吸模式周期包括暴发间期和暴发期（Hetz and Bradley，2005）。昆虫 DGC 呼吸模式与适应进化有关，因而受到广泛关注（Bartholomew et al.，1985；Hamiton，1964）。

5.1 高温胁迫对蝗虫 DGC 暴发间期历时的影响

将意大利蝗、西伯利亚蝗在室外自然条件下置于养虫笼内用新鲜玉米苗和小麦苗饲喂，选取健康且体重相近的意大利蝗、西伯利亚蝗个体，称重后分别小心放入多通道昆虫呼吸测量仪（Sable Sys. Int. Inc，美国）的呼吸室内，并将呼吸室放入预先设置好不同温度梯度的水浴锅内（HH-S2，上海金坛），分别测定不同温度处理下意大利蝗、西伯利亚蝗的 DGC 呼吸模式不同阶段历时（min）及周期历时（min）。结果表明，随温度升高，雌、雄意大利蝗 DGC 暴发间期历时逐渐缩短（图 5-1）。雌、雄蝗虫的暴发间期在 21℃时最长，历时分别为（7.29±0.31）min、（7.05±0.37）min；39℃时最短，为（0.42±0.01）min、（0.70±0.03）min，与其他温度下的历时差异显著（$P < 0.05$）。42℃时暴发间期历时为零，DGC 呼吸模式消失，变为连续气体交换呼吸模式。

随温度升高，雌、雄西伯利亚蝗 DGC 暴发期历时逐渐缩短（图 5-2），18℃时最长，雌、雄蝗虫暴发间期历时分别为（15.54±1.37）min、（16.14±1.85）min；36℃

时最短，分别为（0.79±0.15）min、（0.71±0.14）min，与其他温度下的历时差异显著（$P < 0.05$）。39℃时暴发间期历时为 0，DGC 呼吸模式消失，变为连续气体交换呼吸模式。

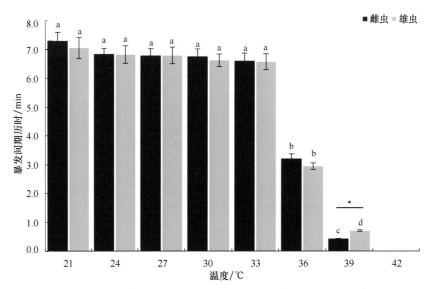

图 5-1　不同温度下意大利蝗 DGC 呼吸周期中暴发间期历时变化

图中数据为平均值 ± 标准误，同一组数据上方不同字母表示温度之间差异显著（$P < 0.05$，最小显著差数法 LSD 检验）；＊表示同一温度下雌、雄虫之间差异显著（$P < 0.05$，独立样本 t 检验）

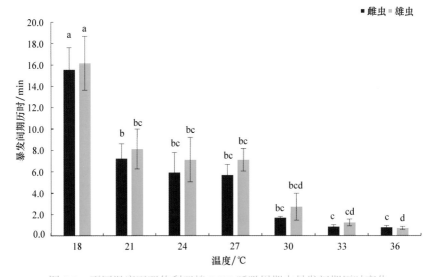

图 5-2　不同温度下西伯利亚蝗 DGC 呼吸周期中暴发间期历时变化

图中数据为平均值 ± 标准误，同一组数据上方不同字母表示温度之间差异显著（$P < 0.05$，最小显著差数法 LSD 检验）

5.2　高温胁迫对蝗虫 DGC 暴发期历时的影响

随温度升高，雌、雄意大利蝗 DGC 暴发期历时逐渐缩短（图 5-3）。21℃时雌虫气门开放阶段历时最长，为（1.55±0.14）min，雄虫在 24℃时历时最长，为（1.61±0.10）min；雌、雄蝗虫均在 39℃时历时最短，分别为（0.45±0.01）min、（0.68±0.02）min，与其他温度下的历时差异显著（$P < 0.05$）。42℃时暴发期历时为 0，DGC 呼吸模式消失。

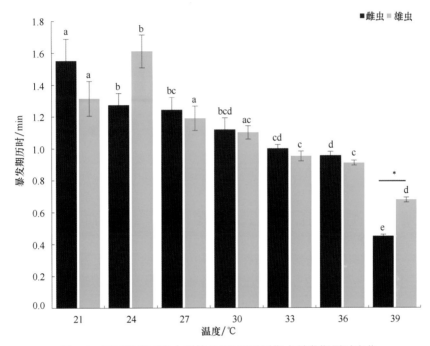

图 5-3　不同温度下意大利蝗 DGC 呼吸周期中暴发期历时变化

图中数据为平均值 ± 标准误，同一组数据上方不同字母表示温度之间差异显著（$P < 0.05$，最小显著差数法 LSD 检验）；∗ 表示同一温度下雌、雄虫之间差异显著（$P < 0.05$，独立样本 t 检验）

随温度升高，西伯利亚蝗 DGC 暴发期历时逐渐缩短（图 5-4）。18℃时雌、雄蝗虫气门开放阶段历时最长，分别为（3.43±0.32）min、（3.63±1.01）min；36℃时历时最短，分别为（1.05±0.12）min、（1.05±0.06）min，与其他温度下的历时差异显著（$P < 0.05$）。39℃时暴发期历时为 0，DGC 呼吸模式消失。

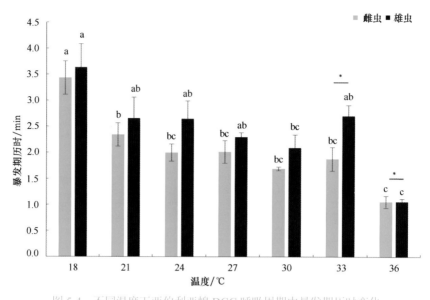

图 5-4　不同温度下西伯利亚蝗 DGC 呼吸周期中暴发期历时变化

图中数据为平均值 ± 标准误，同一组数据上方不同字母表示温度之间差异显著（$P < 0.05$，最小显著差数法 LSD 检验）；* 表示同一温度下雌、雄虫之间差异显著（$P < 0.05$，独立样本 t 检验）

5.3　高温胁迫对蝗虫 DGC 呼吸周期历时的影响

DGC 呼吸周期历时指暴发间期与暴发期历时之和。随温度升高，雌、雄意大利蝗 DGC 呼吸周期历时减少，雌虫每升高 3℃暴发间期历时平均减少 1.06min，36℃时减幅最大，为 3.39min；暴发期历时每升高 3℃平均减少 0.22min，39℃时减幅最大，为 0.51min（图 5-5a）。雄虫每升高 3℃暴发间期历时平均减少 1.04min，36℃时减幅最大，为 3.62min；暴发期历时则每升高 3℃平均减少 0.17min，27℃时减幅最大，为 0.42min（图 5-5b）。

西伯利亚蝗 DGC 呼吸周期历时变化趋势与意大利蝗相似。随温度升高，雌、雄蝗虫 DGC 呼吸周期历时减少（图 5-6），雌虫每升高 3℃暴发间期历时平均减少（2.46±0.33）min，21℃时减幅最大，为（8.31±0.92）min；21℃暴发期历时减少最多，为（1.09±0.28）min。雄虫每升高 3℃暴发间期历时平均减少（2.57±0.22）min，21℃减幅最大，为（8.03±1.20）min；21℃暴发期历时减少最多，为（0.98±0.14）min。

结果表明，随温度升高，意大利蝗和西伯利亚蝗 DGC 呼吸周期历时减少主要由暴发间期历时减少所致，即随温度升高，虫体呼吸代谢加快，主要通过减少气门关闭时间以满足虫体对氧气的需求。

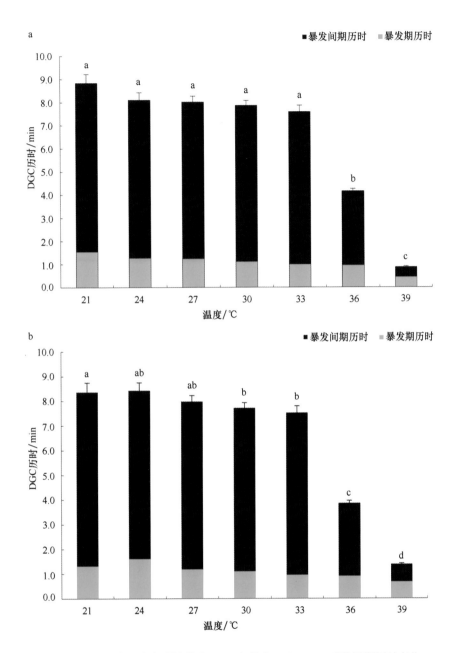

图 5-5　不同温度下意大利蝗雌虫（a）和雄虫（b）DGC 呼吸周期历时变化

图中数据为平均值 ± 标准误，同一组数据上方不同字母表示温度之间差异显著（$P < 0.05$，最小显著差数法 LSD 检验）

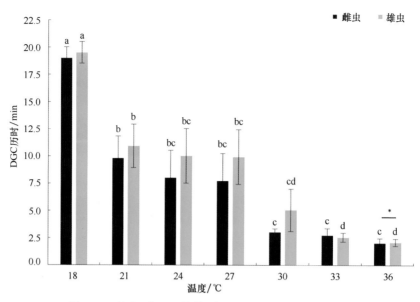

图 5-6　不同温度下西伯利亚蝗 DGC 呼吸周期历时变化

图中数据为平均值 ± 标准误，同一组数据上方不同字母表示温度之间差异显著（$P < 0.05$，最小显著差
数法 LSD 检验）；* 表示同一温度下雌、雄虫之间差异显著（$P < 0.05$，独立样本 t 检验）

　　温度是影响昆虫 DGC 呼吸模式的主要外在因素。低温环境下，昆虫完成 DGC
周期历时长，随温度升高，历时缩短，频率增加，超过一定温度后，DGC 呼吸模式
消失，CO_2 由周期性地释放变成随机性地连续释放。目前提出昆虫采取 DGC 呼吸模
式的机制有五种假说：①相对于 CGC 呼吸模式，DGC 呼吸模式气门关闭阶段历时长，
可有效阻止体内水分散失，有利于昆虫适应干旱环境，即保水假说（Jõgar et al.，
2014；Matthews and White，2012；Schimpf et al.，2009）；②昆虫处于低代谢率状态时，
气体交换量较少，气门关闭历时较长，DGC 呼吸模式明显；随代谢增强，气体交换
量增加，气门关闭历时减少，DGC 呼吸频率增加；当代谢率增加至一定值时，气门
处于随机连续开放状态，由 DGC 转变为 CGC 呼吸模式（Contreras et al.，2014），
即代谢率假说；③为适应高 CO_2 浓度和低氧环境，部分土壤昆虫采取 DGC 呼吸模式，
因为气门关闭阶段历时长，可有效阻止外界高浓度的 CO_2 进入体内（Contreras and
Bradley，2011；Marais et al.，2005）；④ DGC 呼吸模式需要依次经过气门关闭、颤
动阶段，可快速降低气管壁的氧分压和组织内的氧气浓度，以避免有机体自身的氧
中毒现象发生（Hetz and Bradley，2005）；⑤神经系统相对复杂的昆虫，当处于静
息状态时，由其神经调节而表现出 DGC 呼吸模式（Contreras et al.，2014）。本研究
表明，意大利蝗和西伯利亚蝗采取 DGC 呼吸模式符合保水假说和代谢率假说，高温
胁迫下蝗虫采取 DGC 呼吸模式可以有效阻止体内水分散失（钱雪，2017；王冬梅等，
2016a）。

第6章 温度胁迫对蝗虫交配行为的影响

昆虫的交配行为是有性生殖昆虫繁衍后代的重要环节（Silva et al.，2012），也是深入研究昆虫进化行为的关键。交配持续时间是影响昆虫交配行为的重要指标（周康念等，2012；刘兴平等，2010），雌虫通过延长交配持续时间来获取大量精子以保证子代较高的孵化率，保证子代数量，同时获得随精液转移的营养物质；雄虫通过延长交配持续时间以转移大量精子，并阻止其他雄虫与雌虫交配，减少精子竞争，保证生殖成功（周康念等，2012；刘兴平等，2010；焦晓国等，2006）。

环境温度和交配经历是影响昆虫交配持续时间的重要因素（Beneli et al.，2014；孙芳等，2013；孙计拓等，2012；张国辉等，2009）。本章以意大利蝗为研究对象，通过昆虫行为观测仪掌握其相遇、交配行为，分析温度及交配经历对其持续交配时间的影响。

6.1 雌雄意大利蝗相遇及交配行为

将性成熟、健康的雌、雄成虫放置于昆虫行为观测仪（CASO-L，英国）内观察，意大利蝗的相遇行为分为以下5种情况。

（1）雄雄相遇：83.67%的两只雄虫相遇后都改变各自运动方向，相互避让；14.29%的两只雄虫相遇后有爬背或抱对行为，但因位于下方的雄虫反抗剧烈而最终分开；极少数情况（2.04%）发生对峙和打斗。

（2）雌雌相遇：97.96%的两只雌虫相遇后都改变各自运动方向，相互避让，无爬背或抱对行为；2.04%的两只雌虫相遇后发生对峙、打斗。

（3）雌雄相遇：如雄虫有交配意向，则主动追逐雌虫，并表现曲腹行为，若雌虫不反抗，雄虫则完成爬背、抱对和交配行为；若雌虫拨动后足阻止雄虫靠近，以示反抗，则雄虫虽有曲腹行为，但不能实现交配；如雄虫无交配意向，两者用触角轻拍对方并改变爬行方向，避让离开。

（4）雄虫与一对正在交配的雌雄相遇：当雄虫靠近时，97.96%的正在交配的雄虫反应强烈，用后足或触角将靠近的雄虫驱逐离开，或者正在交配的雌虫背着与其交配的雄虫离开；2.04%的雄虫攻击正在交配的雌雄成虫，迫使正在进行的交配行为中止。

（5）雌虫与一对正在交配的雌雄相遇：95.92% 的雌虫主动避开；4.08% 的雌虫攻击或啃食正在交配的雌虫，导致正在交配的雌虫剧烈抖动身体，并用后足蹬开与其交配的雄虫，交配行为被迫中止。

意大利蝗的交配行为依次包括曲腹、爬背、抱对、交配 4 个连续过程。曲腹是指雌雄相遇后，雄虫腹部弯曲并伸出外生殖器，用触角触碰雌虫胸部或腹部；接着雌雄外生殖器接触，雄虫迅速用前足抱握雌虫前胸部，迅速爬到雌虫背部并骑乘在雌虫身体上方，完成爬背和抱对；雌、雄生殖器交合开始交配直到雌虫剧烈摇动身体并用后足蹬开雄虫，雌、雄生殖器分离，交配行为结束。观察发现意大利蝗没有配后保护行为，交配过程中存在激烈的性内竞争，正在交配的意大利蝗雄虫主动用触角或后足驱赶其他试图靠近的雄虫，甚至发生打斗现象。

意大利蝗具有明显的交配节律，白天交配率明显多于夜晚，22:00 ~ 03:00 未发现有交配行为，04:00 ~ 08:00 交配率高峰值为 6.98%。意大利蝗交配在 10:00 ~ 12:00、20:00 ~ 21:00 出现两个高峰，交配率分别为 20.93%、11.63%（图 6-1）。

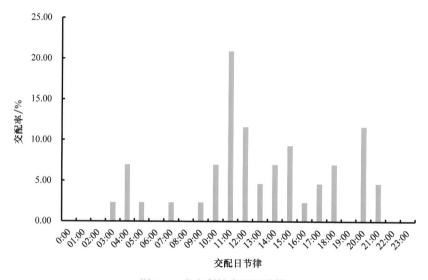

图 6-1　意大利蝗交配日节律

6.2　温度及交配经历对意大利蝗交配时间的影响

选取健康、羽化 5 ~ 7d 且未交配的雌、雄成虫各 1 头放入昆虫行为观测仪的箱体内，箱体内温度设置为意大利蝗生长发育的适宜温度（27℃）、敏感温度（36℃）、胁迫温度（42℃）（李爽等，2015；王冬梅等，2014），每个温度观察 15 对，连续观察 12h（9:00 ~ 21:00），2h 后雄虫无曲腹等交配行为特征，则更换雄虫。

交配持续时间是指雄虫交配器从进入到移出雌虫生殖器的时间。不同温度下意大利蝗的交配持续时间有明显差异（图6-2）。随温度升高，交配持续时间逐渐缩短。27℃时交配持续时间最长，平均值为（15.93±2.25）min，与36℃、42℃温度的时间差异显著（$P < 0.05$）。42℃时交配持续时间时间最短，平均值为（6.01±0.43）min；36℃的交配持续时间平均值为（7.47±0.52）min，与42℃的时间差异不显著（$P > 0.05$）。

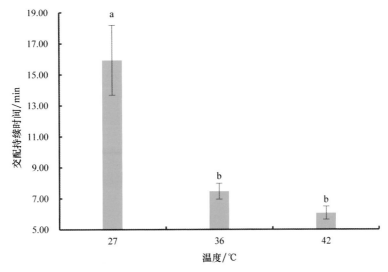

图 6-2　温度对意大利蝗交配持续时间的影响

图中数据为平均值 ± 标准误，同一组数据上方不同字母表示温度之间差异显著（$P < 0.05$，最小显著差数法 LSD 检验）

交配经历对交配持续时间影响的试验设计分 4 种情况：①将无交配经历的雌虫与雄虫配对；②将至少有过 1 次交配经历的雄虫与无交配经历的雌虫配对；③将至少有过 1 次交配经历的雌虫与无交配经历的雄虫配对；④将至少有过 1 次交配经历的雌虫与雄虫配对。配对的雌虫与雄虫置于虫笼中（直径 × 长 =15cm×50cm），室内条件下观察并记录交配持续时间。连续观察 2h 后雄虫无曲腹等交配行为特征，则更换相同交配经历的雄虫。

意大利蝗雌、雄成虫的交配经历对交配持续时间有显著影响（表 6-1）。雌、雄成虫均为初次交配的持续时间最长，平均值为（12.88±0.67）min，与雌、雄成虫均有过交配经历的持续时间（10.47±0.39）min 有显著差异（$P < 0.05$）；初次交配的雌虫和有过交配经历雄虫的持续时间平均值为（11.00±0.75）min，初次交配的雄虫和有过交配经历雌虫的持续时间平均值为（12.12±0.67）min，两者之间无显著差异（$P > 0.05$）。

表 6-1 意大利蝗雌、雄成虫交配经历对交配持续时间的影响

交配经历 / 次	平均持续时间 /min
雌虫、雄虫初次交配	12.88±0.67a
雌虫、雄虫有交配经历	10.47±0.39b
雄虫有交配经历、雌虫初次交配	11.00±0.75b
雄虫初次交配、雌虫有交配经历	12.12±0.67ab

注：表中数据为平均值 ± 标准误，同一列数据后不同字母表示温度之间差异显著（$P < 0.05$，最小显著差数法 LSD 检验）。

意大利蝗存在多次交配现象，雄虫一天最多可以交配 6 次，且与多个不同雌虫交配，雄虫多次交配行为被认为是增加受精机会，也是雄虫性内竞争的策略（王冬梅等，2016b）。适宜温度 27℃时，意大利蝗的交配持续时间最长，胁迫温度 42℃时的时间最短，敏感温度 36℃时的时间介于两者之间。分析这可能是因为在适宜温度范围内，意大利蝗呼吸代谢、体内生理生化物质和生命活动处于协调状态，雄虫传输精液速度均匀且充分，因而交配持续时间较长；随温度升高至敏感温度 36℃时，体内生理生化物质含量变化幅度较大，呼吸代谢水平快速提高（王冬梅等，2014），活动强度增加，雄虫传输精液速度加快，致使交配持续时间缩短（孙计拓等，2012；刘兴平等，2010）；当升高至胁迫温度 42℃时，个体出现死亡，意大利蝗呼吸代谢水平开始减弱，体内生理生化物质含量和酶活性开始下降（李爽等，2015），正在交配的雌虫不断用后足蹬开雄虫，拒绝交配行为强烈，致使交配持续时间缩短或交配行为中止。

下篇　蝗虫迁飞及昆虫雷达监测技术应用

　　有害生物跨境迁飞危害被国际公认为是最具挑战的生物灾害综合治理问题。哈萨克斯坦境内蝗虫时常跨境迁飞至我国新疆边境区域，并造成严重的经济、社会和生态损失。面对虫源在国外、危害在我国的现状，新疆师范大学"中亚区域跨境有害生物联合控制国际研究中心"团队与哈萨克斯坦专家合作，联合攻关，旨在掌握蝗虫迁飞生理及能源基础，分析中国与哈萨克斯坦边境（以下简称为"中哈边境"）蝗区生态条件异同及蝗虫遗传多样性，掌握境外虫源地分布和迁飞轨迹，最终实现灾前预警和及时防控，从而降低损失，减少国际争端。

　　意大利蝗卵巢发育级别较低时其飞行能力较强，符合"卵子发生与飞行共轭"学说，其迁飞能力与保幼激素滴度成反比，意大利蝗短距离飞行主要消耗糖类，长距离飞行则以消耗脂类为主。中哈边境蝗区生态特征相似，蝗虫遗传基因交流频繁，遗传分化程度低。借助 KC-08XVSD 型昆虫雷达观测到中哈边境塔城区域昆虫迁飞时段集中在 22:00 ～ 03:00，迁飞高度介于 200 ～ 600m，具有明显的成层现象且自西向东迁飞，迁飞方向与气流方向基本一致。亚洲飞蝗境外虫源地分布在哈萨克斯坦境内的斋桑泊（Zaysan Lake）周围、巴尔喀什湖（Balkhash Lake）东部、阿拉湖（Alakol Lake）周围、阿亚古兹河（Ayaguz River）周围、哈萨克斯坦境内的额尔齐斯河（Irtysh River）周围，并通过不同路径迁飞至中国新疆塔城和阿勒泰边境区域。研究结果为制订边境区域迁飞害虫监测体系提供了重要基础数据，为预测蝗虫跨境危害提供了技术支撑，降低了损失，产生了显著的社会、经济和生态效益。

　　昆虫迁飞场（insect migration zone）指形成昆虫迁飞行为的特定环境，包括地面资源配置和大气物理环境，是影响昆虫迁飞外界环境因子的有机综合。中亚区域属于典型的大陆性气候，中亚不同国家或地区在自然地理、生态环境及生物资源等方面都存在相似之处，害虫频繁跨境迁飞至相邻国家或区域危害。依据昆虫迁飞场的基本条件、中亚区域昆虫迁飞历史数据和资料及本研究结果，我们认为存在中亚昆虫迁飞场（insect migration zone in Central Asia），其理论和实证尚需进一步研究。

第 7 章　意大利蝗迁飞生理与能源消耗

昆虫迁飞受到卵巢发育、保幼激素等生理因素的影响。昆虫生殖发育前体内保幼激素（juvenile hormone，JH）滴度低，有利于迁飞行为发生，JH 滴度水平高，则导致迁飞行为停止，卵巢开始发育（Johnson，1969）。有关昆虫迁飞与生殖发育关系有两种学说——"卵子发生与飞行共轭"和"迁飞生殖适应综合征"，前者是指昆虫迁飞过程中卵子发育处于停滞，后者则指昆虫迁飞不用或较少付出生殖代价（Zeng et al.，2014；Patrick and Gerald，2009）。昆虫迁飞是一个耗能过程，充足的能源物质是昆虫迁飞的必要条件，脂肪、碳水化合物和氨基酸等都可为昆虫飞行提供能源（刘辉，2007；李克斌等，2005）。

7.1　意大利蝗迁飞和卵巢发育及保幼激素的关系

根据输卵管、卵粒的发育程度，将意大利蝗卵巢发育程度分为 5 个级别：Ⅰ级表示卵巢发育处于低级水平，发育不成熟；Ⅴ级表示卵巢发育成熟，卵粒待产（任金龙等，2014）。研究表明，意大利蝗卵巢发育程度为Ⅱ级时，飞行能力最强，飞行时间最长，为 1.08h，平均飞行速度为 1.80m/s。卵巢发育为Ⅳ级时，飞行能力最弱，飞行时间为 0.04h，平均飞行速度为 0.95m/s（表 7-1）。

表 7-1　意大利蝗卵巢发育与迁飞能力的关系

卵巢发育级别	样本	最大飞行速度 /（m/s）	平均飞行速度 /（m/s）	飞行持续时间 /h	飞行距离 /km
Ⅰ级	15	7.42±1.41a	1.02±0.55a	0.41±1.37b	0.38±0.33b
Ⅱ级	15	10.94±5.57a	1.80±0.59a	1.08±5.88a	2.00±1.57a
Ⅲ级	15	8.23±1.78a	1.60±0.74a	0.33±3.52b	0.58±1.38b
Ⅳ级	15	2.71±0.52b	0.95±0.32a	0.04±1.36c	0.03±0.63c

注：表中数据为平均值 ± 标准误；同一列数据后不同小写字母表示不同等级之间差异显著（$P < 0.05$，最小显著差数法 LSD 检验和 Duncan's 多重比较检验）。

预实验结果表明，意大利蝗 1 日龄成虫不具有飞行能力，自 13 日龄飞行能力开始下降，故测定 2～13 日龄成虫飞行能力与保幼激素的关系。雌性意大利蝗的飞行距离、飞行时间和飞行速度与保幼激素滴度呈负相关（$P < 0.05$，r_1=-0.368，r_2=-0.245，r_3=-0.572）。4 日龄雌虫体内保幼激素滴度达到小高峰，为 52.19ng/ml，其

平均飞行速度降低，为0.93km/h。7日龄雌虫体内的保幼激素滴度最低，为32.61ng/ml，其平均飞行距离最远，飞行时间最长；7日龄后雌虫体内的保幼激素滴度逐渐增加，10日龄达到最大，为78.73ng/ml，其飞行能力减弱（表7-2）。

表 7-2　不同日龄意大利蝗雌虫体内保幼激素与飞行能力的关系

日龄	保幼激素滴度 /（ng/ml）	平均飞行距离 /km	平均飞行时间 /h	平均飞行速度 /（km/h）
2	45.59±2.14abcd	0.12±0.02a	0.12±0.02a	0.90±0.11a
3	50.16±8.36bcd	0.21±0.05ab	0.19±0.04ab	0.99±0.09a
4	52.19±5.01bcd	0.23±0.07ab	0.18±0.04ab	0.93±0.66a
5	41.65±4.24abc	0.28±0.06ab	0.18±0.03ab	1.01±0.16a
6	36.83±1.27ab	0.30±0.08ab	0.25±0.05ab	1.27±0.28b
7	32.61±1.89a	0.96±0.32c	0.57±0.15c	1.07±0.15b
8	43.72±5.77abc	0.62±0.21b	0.39±0.09b	0.95±0.10a
9	61.05±1.70d	0.52±0.12b	0.44±0.10bc	0.80±0.06a
10	78.73±4.40e	0.43±0.09b	0.36±0.07b	0.94±0.82a
11	56.19±7.98cd	0.12±0.02a	0.15±0.02ab	0.92±0.07a
12	55.26±6.41cd	0.12±0.02a	0.07±0.01a	0.98±0.15a
13	48.89±4.48abcd	0.11±0.03a	0.09±0.02a	0.95±0.07a

注：表中数据为平均值 ± 标准误；同一列数据后不同小写字母表示不同日龄之间差异显著（$P < 0.05$，最小显著差数法 LSD 检验和 Duncan's 多重比较检验）。

雄性意大利蝗的平均飞行距离、飞行时间和飞行速度与保幼激素滴度呈负相关（$P < 0.05$，$r_1 = -0.737$，$r_2 = -0.711$，$r_3 = -0.373$）。2～13日龄雄虫飞行能力逐渐减弱，2日龄体内保幼激素滴度最低，为23.74ng/ml，其飞行距离最远，飞行时间最长。10日龄体内保幼激素滴度最高，为72.91ng/ml，飞行能力较弱（表7-3）。

表 7-3　不同日龄意大利蝗雄虫体内保幼激素与飞行能力的关系

日龄	保幼激素滴度 /（ng/ml）	平均飞行距离 /km	平均飞行时间 /h	平均飞行速度 /（km/h）
2	23.74±1.37a	0.53±0.24c	0.31±0.12c	1.06±0.15a
3	36.68±4.81ab	0.33±0.16bc	0.23±0.06bc	1.44±0.19b
4	41.69±1.76bc	0.32±0.08bc	0.19±0.05bc	0.89±0.06a
5	45.65±2.13bc	0.24±0.04b	0.12±0.03b	0.94±0.09a
6	44.35±3.80bc	0.12±0.03ab	0.10±0.02b	1.13±0.23a
7	64.04±1.86de	0.09±0.02ab	0.07±0.02ab	1.05±0.07a

续表

日龄	保幼激素滴度 /（ng/ml）	平均飞行距离 /km	平均飞行时间 /h	平均飞行速度/（km/h）
8	66.26±3.47de	0.06±0.02a	0.06±0.01ab	0.98±0.12a
9	69.50±3.26e	0.05±0.01a	0.05±0.01ab	0.86±0.12a
10	72.91±1.75e	0.04±0.01a	0.04±0.01ab	0.84±0.08a
11	54.18±12.96cd	0.03±0.01a	0.04±0.01ab	1.07±0.13a
12	45.62±2.42bc	0.03±0.01a	0.02±0.01a	0.86±0.06a
13	42.15±3.50bc	0.02±0.00a	0.02±0.00a	0.82±0.07a

注：表中数据为平均值 ± 标准误；同一列数据后不同小写字母表示不同日龄之间差异显著（$P < 0.05$，最小显著差数法 LSD 检验和 Duncan's 多重比较检验）。

昆虫迁飞对生殖活动的影响包括两个方面：一方面，迁飞对生殖活动产生不利影响，即飞行和卵巢发育存在明显的共轭现象，分析这是因为迁飞昆虫的飞行肌发育与生殖活动（卵巢发育及卵子发生）所需的物质基本相同，能源物质分配存在权衡所致（Zera et al.，1994）；另一方面，昆虫飞行能促进生殖活动进行，显著刺激卵巢发育（吕伟祥，2015）。研究发现，意大利蝗符合"卵子发生与飞行共轭"学说（窦洁等，2017），即飞行行为发生在生殖发育前，飞行过程中卵巢发育处于停滞状态（Jiang et al.，2011）。

7.2　意大利蝗能源积累和迁飞消耗

7.2.1　意大利蝗糖原积累和迁飞消耗

随日龄增加，意大利蝗糖原积累先上升后下降，1 日龄雌雄蝗虫糖原含量最少，分别为 6.85mg/g、9.27mg/g；雌、雄成虫分别在 7 日龄、4 日龄糖原含量达到最多，依次为 22.67mg/g、29.40mg/g（图 7-1）。

飞行能源消耗量（mg/g）指对照组蝗虫能源物质量减去吊飞实验组蝗虫能源物质量。随飞行距离增加，雌虫糖原消耗量随之增加，飞行距离超过 2.8km 后糖原消耗最多，为 11.15mg/g；雄虫则随飞行距离增加体内糖原消耗量先增加后减少，飞行距离介于 2.1 ～ 2.8km 糖原消耗最多，为 16.10mg/g（图 7-2）。意大利蝗糖原积累量与飞行距离、时间无显著相关性（$P > 0.05$），与飞行速度显著相关（$P < 0.05$，r=0.971）。

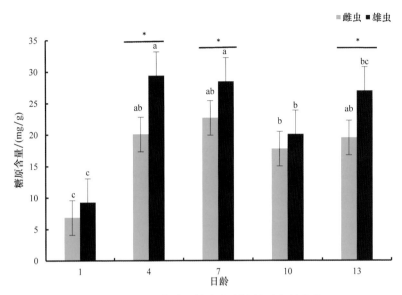

图 7-1　不同日龄雌、雄意大利蝗糖原积累变化

图中数据为平均值 ± 标准误，同一组数据上方不同小写字母表示不同日龄雌虫之间、雄虫之间差异显著（$P < 0.05$，最小显著差数法 LSD 检验和 Duncan's 多重比较检验），* 表示相同日龄雌、雄之间差异显著（$P < 0.05$）

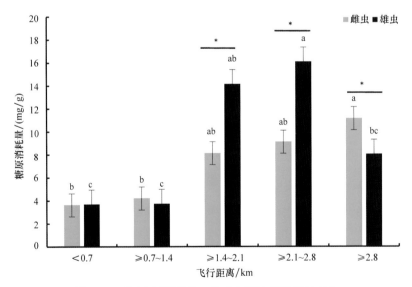

图 7-2　不同飞行距离雌、雄意大利蝗糖原消耗变化

图中数据为平均值 ± 标准误，同一组数据上方不同小写字母表示不同飞行距离雌虫之间、雄虫之间差异显著（$P < 0.05$，最小显著差数法 LSD 检验和 Duncan's 多重比较检验），* 表示相同飞行距离雌、雄之间差异显著（$P < 0.05$）

7.2.2　意大利蝗甘油酯积累和迁飞消耗

随日龄增加，意大利蝗甘油酯积累先增加后减少，7 日龄雌、雄成虫甘油酯含量达到最多，分别为 365.98mg/g、383.75mg/g；13 日龄降至最少，分别为 44.18mg/g、60.10mg/g（图 7-3）。

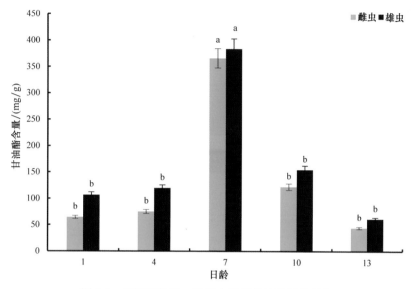

图 7-3　不同日龄雌、雄意大利蝗甘油酯积累变化

图中数据为平均值 ± 标准误，同一组数据上方不同小写字母表示不同日龄雌虫之间、雄虫之间差异显著

（$P < 0.05$，最小显著差数法 LSD 检验和 Duncan's 多重比较检验）

随飞行距离增加，雌、雄成虫甘油酯消耗量逐渐增加，飞行距离超过 2.8km 后，雌、雄成虫甘油酯消耗量最多，分别为 61.69mg/g、69.75mg/g（图 7-4）。意大利蝗甘油酯积累量与飞行距离、飞行时间和飞行速度显著相关（$P < 0.05$，$r_1=0.993$，$r_2=0.949$，$r_3=0.954$）。

糖类和脂类是意大利蝗飞行消耗的主要能源物质，糖类产生能量以供起飞和短距离飞行，长距离飞行主要依靠甘油酯提供能源。不同日龄意大利蝗的糖原积累量存在差异，雌、雄成虫分别在 4 日龄、7 日龄糖原含量达到最多。其次，意大利蝗雄虫 2 日龄飞行能力最强，但其 4 日龄时糖原积累最多，即飞行能力最强与糖原积累最多的日龄不一致，分析这可能与体内部分能量用于精巢发育等生理活动有关（窦洁等，2017）。

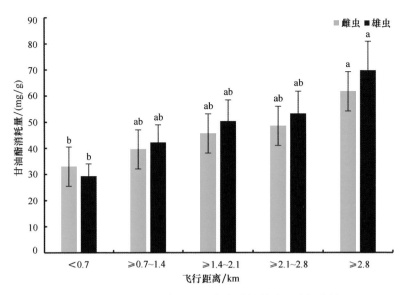

图 7-4　不同飞行距离雌、雄意大利蝗甘油酯消耗变化

图中数据为平均值 ± 标准误，同一组数据上方不同小写字母表示不同日龄雌虫之间、雄虫之间差异显著

（$P < 0.05$，最小显著差数法 LSD 检验和 Duncan's 多重比较检验）

7.2.3　飞行不同距离糖原和甘油酯利用率比较

　　利用率指虫体内能源物质含量与飞行距离和试虫头数乘积的比值，可以用来评价昆虫飞行能源利用效率情况，值越小，表明个体单位飞行距离所需的能源物质越少，说明能源利用效率越高。研究发现，意大利蝗雌、雄成虫飞行距离分别为 > 2.8km、2.1 ~ 2.8km 时，糖原利用率最小，依次为 0.77mg/（km·ind）、0.58mg/（km·ind），表明单位飞行距离糖原消耗最少，利用效率最高；飞行距离 > 2.8km，雌、雄成虫甘油酯利用率最小，分别为 2.62mg/（km·ind）、2.73mg/（km·ind），表明单位飞行距离甘油酯的利用效率最高。飞行不同距离雌虫之间、雄虫之间糖原和甘油酯的利用率差异显著（$P < 0.05$），相同飞行距离雌、雄之间糖原和甘油酯的利用率差异不显著（$P > 0.05$）（表 7-4）。研究表明，意大利蝗飞行起始阶段主要消耗糖类，能快速产生能量以供起飞或短距离飞行，长距离飞行则同时消耗糖类和甘油酯（窦洁等，2017）。

表 7-4　雌、雄意大利蝗飞行不同距离糖原和甘油酯利用率比较

飞行距离 /km	糖原利用率 /[mg/（km·ind）]		甘油酯利用率 /[mg/（km·ind）]	
	雌虫	雄虫	雌虫	雄虫
< 0.7	5.46±0.85cA	5.91±0.98cA	19.72±4.06bA	23.09±2.04cA
≥ 0.7 ~ 1.4	2.69±0.47bA	2.8±0.24bA	8.72±0.49aA	9.82±1.25bA

续表

飞行距离 /km	糖原利用率 /[mg/（km · ind）]		甘油酯利用率 /[mg/（km · ind）]	
	雌虫	雄虫	雌虫	雄虫
≥ 1.4 ～ 2.1	1.39±0.22aA	0.98±0.19aA	5.31±0.44aA	5.80±3.64aA
≥ 2.1 ～ 2.8	0.98±0.03aA	0.58±0.04aA	3.67±1.19aA	3.99±1.21aA
≥ 2.8	0.77±0.23aA	1.07±0.17aA	2.62±0.27aA	2.73±0.51aA

注：表中数据为平均值 ± 标准误；同一列数据后不同小写字母表示飞行不同距离能源利用率差异显著（$P < 0.05$，最小显著差数法 LSD 检验和 Duncan's 多重比较检验），同一行数据后不同大写字母表示飞行相同距离雌、雄虫之间能源利用率差异显著（$P < 0.05$，独立样本 t 检验）。

第8章 中哈边境区域蝗虫遗传多样性与基因流研究

中哈边境区域蝗虫跨境迁飞危害常常给扩散区域造成突发性危害（Rouibah et al.，2016；Baybussenov et al.，2015，2014；Sergeev，1992）。中哈边境区域都处在中亚干旱区，地理位置相距较近，海拔高度和小气候相似，在区域盛行西北气流的作用下，中哈边境区域蝗虫常因种群密度、食物或生理因素等发生迁飞扩散，这必然与相邻区域的种群之间发生基因交流。基因交流是种群遗传结构均质化的主要因素之一，具有高水平基因流的物种通常比有限基因交流的物种的遗传分化小（Rouibah et al.，2016；孙嵬等，2013）。物种对环境变化的适应能力在一定程度上取决于其群体内部的遗传多样性和相应的遗传结构，物种或种群的遗传多样性越高或遗传变异度越大，表明其对环境适应能力越强。因此，掌握物种的遗传多样性及分化方向，有助于阐明物种适应能力的遗传学基础，并可为制定种群控制策略提供科学决策（杨现明和陆宴辉，2018；张丽娟等，2018）。

线粒体 DNA 具有分子结构简单、母系遗传、重组概率小、高拷贝数量及进化速度快的特点。其中，细胞色素氧化酶亚基 I（CO I）基因作为研究昆虫系统发育、种群遗传结构与变异等最常用的分子标记（Bensasson et al.，2000），已广泛用于不同分类阶元层次上蝗虫分子系统学和遗传多样性研究。例如，应用线粒体 CO I 基因序列研究了蝗总科、斑腿蝗科的系统进化与发育（徐淼洋，2009；杨亮，2008；张陵，2008；霍光明，2006）；应用线粒体 CO I 基因序列研究了黄脊竹蝗（姜石生，2011）、黄胫小车蝗（*Oedaleus infernalis*）（孙嵬等，2013）、亚洲小车蝗（*Oedaleus asiaticus*）（李云龙等，2013；高书晶等，2011）、黑腿星翅蝗（Rouibah et al.，2016）、意大利蝗及近缘种（Blanchet et al.，2012a，2012b，2010）的不同地理种群的遗传多样性。

本章以意大利蝗和黑腿星翅蝗为代表，采用线粒体 CO I 和 CO II 作为分子标记，2017 年和 2018 年 6～8 月于蝗虫严重发生期，沿新疆的阿勒泰、塔城、博乐、伊犁等中哈边境区域采集，哈萨克斯坦境内的蝗虫采自与中国新疆毗邻的伊犁河流域和 Altyn-Emel 区域，5 个不同地点分别采集了意大利蝗和黑腿星翅蝗各 100 头。新疆境内采集的蝗虫活体带回实验室用液氮处死后放置于 −80℃冰箱中保存待用，哈萨克斯坦境内采集的蝗虫单头短期存于含无水乙醇的 1.5ml 离心管中。各地理种群采集的具体信息及群体缩写代码详见表 8-1,采集地点分布图见图 8-1。

表 8-1 中哈边境意大利蝗和黑腿星翅蝗不同地理种群的采集信息

种群代码	采集地点	样本量/只	经度	纬度	海拔/m
TC	塔城,中国新疆	20	83°60′E	46°35′N	470
ALT	阿勒泰,中国新疆	20	86°31′E	48°10′N	680
YL	伊犁,中国新疆	20	81°33′E	44°00′N	1020
BL	博乐,中国新疆	20	81°58′E	45°60′N	1010
KZ	Altyn-Emel,哈萨克斯坦	20	80°20′E	43°47′N	500

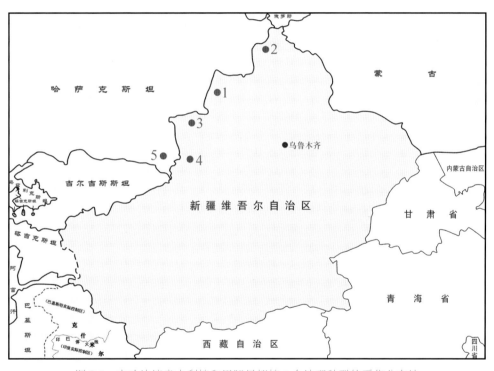

图 8-1 中哈边境意大利蝗和黑腿星翅蝗 5 个地理种群的采集分布地

1 ~ 5 分别表示不同的采集地,依次为:塔城(TC)83°60′E, 46°35′N;阿勒泰(ALT)86°31′E, 48°10′N;伊犁(YL)81°33′E, 44°00′N;博乐(BL)81°58′E, 45°60′N;哈萨克斯坦(KZ)80°20′E, 43°47′N

8.1　中哈边境蝗虫种群单倍型多样度和核苷酸多样性及中性检验分析

中哈边境区域 5 个地理种群的意大利蝗 *CO I* 基因、*CO II* 基因总群体单倍型多样性指数（*Hd*）分别为 0.932、0.573，种间核苷酸多样性指数（*Pi*）分别为 0.0016、0.0012（表 8-2，表 8-3）。不同地理种群 *CO I* 基因、*CO II* 基因的单倍型多样性 *Hd* 范围分别为 0.868 ～ 0.968、0.442 ～ 0.711，平均值分别为 0.921、0.575，种群内平均核苷酸多样性指数（*Pi*）分别为 0.0016、0.0012，不同种群的 *Pi* 变化范围分别为 0.0012 ～ 0.0021、0.0007 ～ 0.0015。单倍型多样性及 *Pi* 值最高的是 BL、TC 种群、最低的是 YL、ALT 种群。意大利蝗总群体的中性检验结果不显著（*P* > 0.05）（表 8-2、表 8-3），表明 5 个意大利蝗种群在较近的历史时期种群稳定，未经历明显的种群扩张。

表 8-2　意大利蝗 *CO I* 基因单倍型多样度、核苷酸多样性分析、Tajima`s *D* 及 Fu`s Fs 检验

种群代码	*Hd*	*Pi*	*K*	*D*	*P*	*Fs*	*P*
TC	0.916	0.0017	2.547	−2.2575	*P*=0.8300	−26.4742	*P*=0.0000
ALT	0.937	0.0013	2.032	−1.7761	*P*=0.6340	−27.1264	*P*=0.0000
BL	0.968	0.0021	3.226	−2.3674	*P*=0.3240	−24.6346	*P*=0.0000
YL	0.868	0.0012	1.826	−2.0963	*P*=0.5350	−27.3532	*P*=0.0000
KZ	0.916	0.0019	2.847	−2.2343	*P*=0.1120	−25.8246	*P*=0.0000
总群体	0.932	0.0016	2.502	−2.6415	*P*=0.4573	−26.8853	*P*=0.0000

注：单倍型多样度（*Hd*），核苷酸多样性指数（*Pi*），核苷酸平均差异数（*K*），Tajima's *D* 检验（*D*），Fu's Fs 检验（*Fs*）。

表 8-3　意大利蝗 *CO II* 基因单倍型多样度、核苷酸多样性分析、Tajima`s *D* 及 Fu`s Fs 检验

种群代码	*Hd*	*Pi*	*K*	*D*	*P*	*Fs*	*P*
TC	0.711	0.0015	1.000	−2.2563	*P*=0.7210	−33.0988	*P*=0.0000
ALT	0.442	0.0007	0.489	−1.6382	*P*=0.9260	−34.0282	*P*=0.0000
BL	0.584	0.0013	0.868	−1.8408	*P*=0.5280	−34.0282	*P*=0.0000
YL	0.500	0.0011	0.747	−0.9760	*P*=0.2080	−34.0282	*P*=0.0000
KZ	0.637	0.0014	0.968	−1.9229	*P*=0.3120	−34.0282	*P*=0.0000
总群体	0.573	0.0012	0.817	−2.4767	*P*=0.5790	−34.0282	*P*=0.0000

注：单倍型多样度（*Hd*），核苷酸多样性指数（*Pi*），核苷酸平均差异数（*K*），Tajima's *D* 检验（*D*），Fu's Fs 检验（*Fs*）。

　　中哈边境区域 5 个地理种群的黑腿星翅蝗 *CO I* 基因、*CO II* 基因总群体单倍型多样性指数（*Hd*）分别为 0.987、0.976，种间核苷酸多样性指数（*Pi*）分别为 0.0084、0.0085（表 8-4、表 8-5）。不同地理种群 *CO I* 基因、*CO II* 基因的单倍型多样性 *Hd* 范围分别为 0.973 ~ 0.995、0.953 ~ 0.995，平均值分别为 0.984、0.976，种群内平均核苷酸多样性指数（*Pi*）均为 0.0083，不同种群的 *Pi* 变化范围分别为 0.0069 ~ 0.0123、0.0067 ~ 0.0101。单倍型多样性及 *Pi* 值最高的均是 BL 种群，最低的均是 TC 种群。总群体的中性检验结果不显著（*P* > 0.05）（表 8-4、表 8-5），表明 5 个黑腿星翅蝗种群在较近的历史时期种群稳定，未经历明显的种群扩张。

表 8-4　黑腿星翅蝗 *CO I* 基因单倍型多样度、核苷酸多样性分析、Tajima's *D* 及 Fu's Fs 检验

种群代码	*Hd*	*Pi*	*K*	*D*	*P*	*Fs*	*P*
TC	0.973	0.0069	10.568	−1.2338	*P*=0.0900	−11.9304	*P*=0.0000
ALT	0.990	0.0073	11.190	−1.1767	*P*=0.1160	−11.4552	*P*=0.0000
BL	0.995	0.0123	18.990	−0.4977	*P*=0.7690	−7.6869	*P*=0.0050
YL	0.979	0.0076	11.690	−0.1051	*P*=0.5950	−9.9367	*P*=0.0010
KZ	0.984	0.0075	11.516	−1.4684	*P*=0.4900	−11.2212	*P*=0.0000
总群体	0.987	0.0084	12.939	−0.6552	*P*=0.3238	−10.4461	*P*=0.0012

　　注：单倍型多样度（*Hd*），核苷酸多样性指数（*Pi*），核苷酸平均差异数（*K*），Tajima's *D* 检验（*D*），Fu's Fs 检验（*Fs*）。

表 8-5　黑腿星翅蝗 *CO II* 基因单倍型多样度、核苷酸多样性分析、Tajima's *D* 及 Fu's Fs 检验

种群代码	*Hd*	*Pi*	*K*	*D*	*P*	*Fs*	*P*
TC	0.974	0.0067	4.595	−0.4810	*P*=0.3550	−22.2959	*P*=0.0000
ALT	0.953	0.0074	5.079	−1.3308	*P*=0.0800	−20.8321	*P*=0.0010
BL	0.995	0.0101	6.921	0.2149	*P*=0.6480	−16.9386	*P*=0.0090
YL	0.979	0.0093	6.353	−0.3584	*P*=0.4320	−18.0939	*P*=0.0020
KZ	0.979	0.0080	5.447	−0.5573	*P*=0.3190	−19.8637	*P*=0.0010
总群体	0.976	0.0085	5.824	1.6865	*P*=0.0220	−25.4685	*P*=0.0026

　　注：单倍型多样度（*Hd*），核苷酸多样性指数（*Pi*），核苷酸平均差异数（*K*），Tajima's *D* 检验（*D*），Fu's Fs 检验（*Fs*）。

8.2　中哈边境蝗虫种群单倍型和系统发育分析

　　在意大利蝗 *CO I*、*CO II* 序列中，分别检测出 51 个、24 个单倍型（图 8-2、图 8-3），其中共享单倍型均为 H1，说明该单倍型是能够在种群中稳定存在的优势单倍型，可能是意大利蝗进化史上出现的较为稳定、环境适应性强的一种单倍型。

CO I、*CO II* 基因的共享单倍型分别为 10 个、5 个，独有单倍型分别为 41 个、19 个，说明种群间存在一定程度的遗传分化。在 100 条黑腿星翅蝗 *CO I*、*CO II* 序列中，分别检测出 69 个、45 个单倍型（图 8-4、图 8-5），其中共享单倍型分别为 8 个、5 个，独有单倍型分别为 61 个、40 个，说明种群间存在一定程度的遗传分化。

运用 Kimura2-Parameter 模型邻接法（neighbor joining，NJ），以同属短星翅蝗（*Calliptamus abbreviatus*）*CO I*、*CO II* 基因序列（GenBank 登录号分别为 28262466 和 28262467）作为外群，对 5 个地理种群意大利蝗 *CO I*、*CO II* 基因进行聚类关系分析（图 8-6、图 8-7）。*CO I* 基因结果显示，中哈边境各地理种群聚为一大支，且都与外群分开。各分支置信度均较低，仅有一组置信度较高（72%），是由 H3 和 H15 组成，分别为 TC、ALT、BL 和 KZ 种群的单倍型，说明地理种群间存在较强的基因流。*CO II* 基因结果显示，中哈边境各地理种群聚为一大支，且都与外群分开。各分支置信度均较低，仅有一组置信度较高（66%），是由 H19 和 H23 组成，分别为 YL 和 KZ 种群的单倍型，说明地理种群间存在较强的基因流。

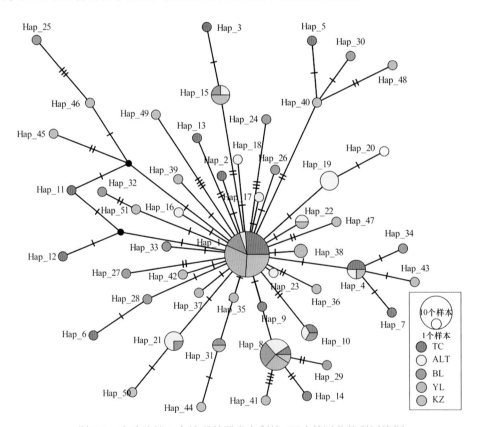

图 8-2　中哈边境 5 个地理种群意大利蝗 *CO I* 基因单倍型网络图

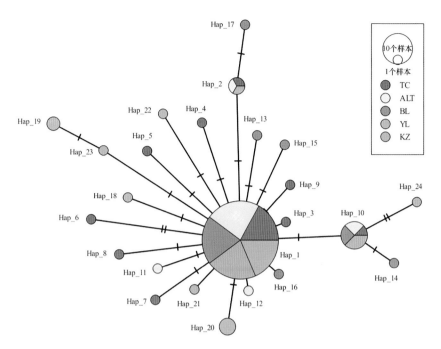

图 8-3　中哈边境 5 个地理种群意大利蝗 *CO II* 基因单倍型网络图

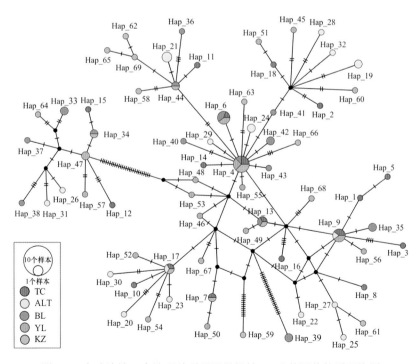

图 8-4　中哈边境 5 个地理种群黑腿星翅蝗 *CO I* 基因单倍型网络图

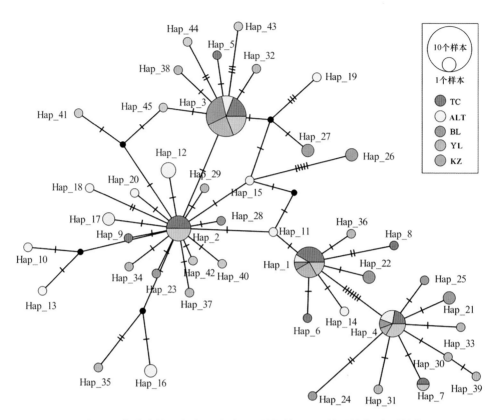

图 8-5　中哈边境 5 个地理种群黑腿星翅蝗 *CO II* 基因单倍型网络图

以近缘种意大利蝗 *CO I*、*CO II* 基因序列（GenBank 登录号分别为 6947227 和 6947229）作为外群构建黑腿星翅蝗 *CO I*、*CO II* 基因单倍型的 NJ 系统发育树（图 8-8、图 8-9）。*CO I* 基因结果显示，绝大多数分支间置信度较低，说明单倍型之间差异较小，不能形成可靠的分支。仅有一组置信度较高（86%），由 H7 和 H50 组成，其中 H7 为 TC 种群和 KZ 种群共享单倍型，H50 为 YL 种群独有单倍型，结果与单倍型网络图结果一致，表明塔城、伊犁和哈萨克斯坦等 3 个不同地理种群间存在一定程度的基因交流。*CO II* 基因结果显示，绝大多数分支间置信度较低，说明单倍型之间差异较小，不能形成可靠的分支。仅有两组置信度较高（均为 62%），一组由 H16 和 H35 组成，其中 H16 为 ALT 种群独有单倍型，H35 为 YL 种群独有单倍型，另一组由 H30 和 H39 组成，均为 YL 种群独有单倍型，表明地理种群间存在一定程度的基因交流。

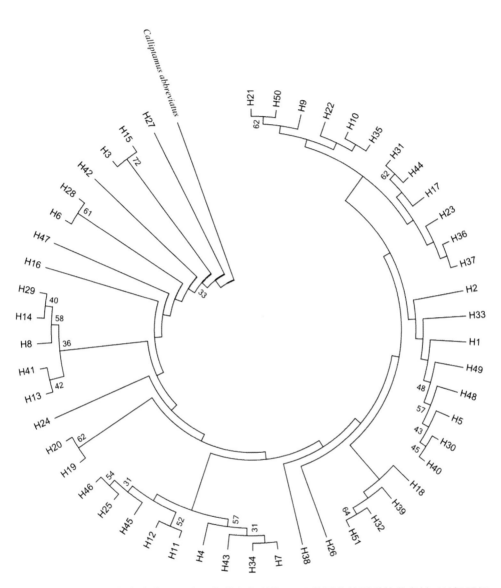

图 8-6 邻接法构建中哈边境不同地理种群意大利蝗 *CO I* 基因单倍型系统发育树（以短星翅蝗为外群）

图 8-7 邻接法构建中哈边境不同地理种群意大利蝗 *CO II* 基因单倍型系统发育树（以短星翅蝗为外群）

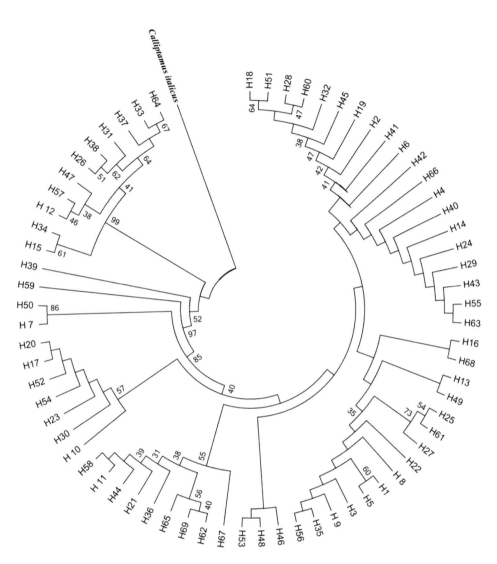

图 8-8　邻接法构建中哈边境不同地理种群黑腿星翅蝗 *CO I* 基因单倍型系统发育树（以意大利蝗为外群）

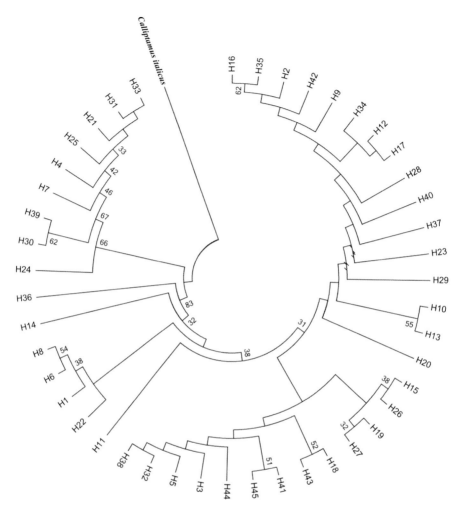

图 8-9 邻接法构建中哈边境不同地理种群黑腿星翅蝗 *CO II* 基因单倍型系统发育树（以意大利蝗为外群）

8.3 中哈边境蝗虫种群遗传多样性、基因流及遗传分化分析

固定系数 *Fst* 可反映不同物种或种群之间的基因差异程度，*Fst* 介于 0 ～ 0.05 表示群体间遗传分化程度很弱；0.05 ～ 0.15 表示分化程度中等；0.15 ～ 0.25 表示分化程度较大；大于 0.25 表示分化程度很大（Rousset，1997）。基因流是种群遗传

结构均质化的主要因素之一，基因流 $N_m < 1$ 时，表明影响种群间遗传分化的主要因素是遗传漂变；$N_m > 4$ 时，则说明种群间存在较强的基因流水平（Boivin et al.，2004）。研究得出，意大利蝗 5 个地理种群间 *CO I* 基因、*CO II* 基因的总群体的固定系数 *Fst* 分别为 0.0029、0.0028，种群间 *Fst* 值分别为 −0.0165 ～ 0.0258、−0.0210 ～ 0.0128，均值分别为 0.0040、0.0020（表 8-6、表 8-7），5 个种群的 *Fst* 值均小于 0.05，表明遗传分化指数低，遗传分化程度很弱。*CO I* 基因、*CO II* 基因 N_m 分别为 5.61、5.63，均大于 4，说明种群间和种群内的基因交流频繁。

表 8-6　意大利蝗种群间 *CO I* 遗传距离（上三角）与固定系数 *Fst*（下三角）

	TC	ALT	BL	YL	KZ
TC		0.002	0.002	0.001	0.002
ALT	0.0195		0.002	0.001	0.002
BL	−0.0165	0.0061		0.002	0.002
YL	−0.0031	0.0258	−0.0105		0.002
KZ	−0.0046	0.0223	−0.0106	0.0119	

注：TC、ALT、BL、YL、KZ 分别代表塔城种群、阿勒泰种群、博乐种群、伊犁种群、哈萨克斯坦种群。

表 8-7　意大利蝗种群间 *CO II* 遗传距离（上三角）与固定系数 *Fst*（下三角）

	TC	ALT	BL	YL	KZ
TC		0.001	0.001	0.001	0.001
ALT	−0.0133		0.001	0.001	0.001
BL	−0.0045	−0.0210		0.001	0.001
YL	0.0128	0.0026	−0.0036		0.001
KZ	0.0059	0.0082	0.0125	0.0200	

注：TC、ALT、BL、YL、KZ 分别代表塔城种群、阿勒泰种群、博乐种群、伊犁种群、哈萨克斯坦种群。

黑腿星翅蝗 5 个地理种群间 *CO I* 基因、*CO II* 基因的总群体的固定系数 *Fst* 分别为 0.0029、0.0028，种群间 *Fst* 值分别为 −0.0307 ～ 0.0578、−0.0200 ～ 0.0527，均值分别为 0.0089、0.0035（表 8-8、表 8-9），除 BL 种群外，其他种群的 *Fst* 值均小于 0.05，表明遗传分化指数低，遗传分化程度很弱。*CO I* 基因、*CO II* 基因 N_m 分别为 4.61、5.62，均大于 4，说明种群间和种群内的基因交流频繁。

表 8-8　黑腿星翅蝗种群间 *CO I* 遗传距离（上三角）与固定系数 *Fst*（下三角）

	TC	ALT	BL	YL	KZ
TC		0.007	0.010	0.007	0.007
ALT	−0.0134		0.011	0.007	0.007
BL	0.0519	0.0578		0.010	0.011
YL	−0.0307	−0.0110	0.0176		0.008
KZ	−0.0061	−0.0209	0.0509	−0.0074	

注：TC、ALT、BL、YL、KZ 分别代表塔城种群、阿勒泰种群、博乐种群、伊犁种群、哈萨克斯坦种群。

表 8-9　黑腿星翅蝗种群间 *CO II* 遗传距离（上三角）与固定系数 *Fst*（下三角）

	TC	ALT	BL	YL	KZ
TC		0.006	0.008	0.007	0.006
ALT	0.0154		0.008	0.008	0.007
BL	0.0154	0.0527		0.009	0.008
YL	−0.0141	0.0308	−0.0183		0.007
KZ	−0.0200	0.0022	−0.0101	−0.0194	

注：TC、ALT、BL、YL、KZ 分别代表塔城种群、阿勒泰种群、博乐种群、伊犁种群、哈萨克斯坦种群。

意大利蝗 5 个地理种群间 *CO I* 基因、*CO II* 基因的遗传差异（0.29%、0.28%）远小于种群内的遗传变异（99.71%、99.72%），表明意大利蝗的遗传变异主要来自种群内部，种群间的遗传差异较低（表 8-10、表 8-11）。不同地理种群 *CO I* 基因、*CO II* 基因的遗传距离在 0.001～0.002、0.000～0.006（表 8-6、表 8-7）。Mantel 相关性分析的结果表明，意大利蝗种群间 *CO I* 基因、*CO II* 基因的遗传距离与地理距离之间无显著相关性（*P* > 0.05），说明中哈边境意大利蝗各种群间基因交流未受到地理距离的影响。

黑腿星翅蝗 5 个地理种群间 *CO I* 基因、*CO II* 基因的遗传差异（1.44%、0.28%）远小于种群内的遗传变异（98.56%、99.72%），表明黑腿星翅蝗的遗传变异主要来自种群内部，种群间的遗传差异较低（表 8-12、表 8-13）。不同地理种群 *CO I* 基因、*CO II* 基因的遗传距离在 0.000～0.019、0.001～0.025（表 8-8、表 8-9）。Mantel 相关性分析的结果表明，黑腿星翅蝗种群间 *CO I* 基因、*CO II* 基因的遗传距离与地理距离之间无显著相关性（*P* > 0.05），说明中哈边境黑腿星翅蝗各种群间基因交流未受到地理距离的影响。

表 8-10　意大利蝗 5 个地理种群 *CO I* 基因的分子变异

变异来源	自由度	平方和	方差组分	变异百分率 /%	*P* 值
种群间	4	5.280	0.0036Va	0.29	< 0.001
种群内	95	118.550	1.2479Vb	99.71	< 0.001
总变异	99	123.830	1.2515		

表 8-11　意大利蝗 5 个地理种群 *CO II* 基因的分子变异

变异来源	自由度	平方和	方差组分	变异百分率 /%	*P* 值
种群间	4	1.720	0.0011Va	0.28	< 0.001
种群内	95	38.700	0.4074Vb	99.72	< 0.001
总变异	99	40.420	0.4085		

表 8-12　黑腿星翅蝗 5 个地理种群 *CO I* 基因的分子变异

变异来源	自由度	平方和	方差组分	变异百分率 /%	*P* 值
种群间	4	34.020	0.0960Va	1.44	< 0.001
种群内	95	625.650	6.5858Vb	98.56	< 0.001
总变异	99	659.670	6.6818		

表 8-13　黑腿星翅蝗 5 个地理种群 *CO II* 基因的分子变异

变异来源	自由度	平方和	方差组分	变异百分率 /%	*P* 值
种群间	4	10.580	0.0070Va	0.28	< 0.001
种群内	95	237.900	2.5042Vb	99.72	< 0.001
总变异	99	248.480	2.5113		

一个种群或物种的遗传多样性越高或遗传变异度越大，则其对环境变化的适应能力就越强。种群间的遗传变异主要是突变、遗传漂变、选择压力和基因交流等因素相互作用的结果，其中突变、遗传漂变和选择压力促进遗传分化的产生，而基因交流则通过配子、个体或整个群体的迁移，使种群间保持遗传上的相似性（Rouibah et al.，2016；Burgov et al，2006；Bensasson et al.，2000）。研究表明，意大利蝗和黑腿星翅蝗不同地理种群间、种群内遗传分化水平低，种群间和种群内基因交流频繁，适应能力增强，这可能是造成两种蝗虫在新疆境内及中哈边境区域持续严重发生的内在遗传基础。

中哈边境区域时常发生害虫跨境迁飞严重危害事件（芦屹等，2013；王磊等，2006），并逐渐成为国际区域间重要的生态问题之一。意大利蝗和黑腿星翅蝗广泛分布于中亚及周边区域的荒漠半荒漠草原（黄辉和朱恩林，2001），近年来俄罗斯西部（Popova et al.，2016；Baybussenov et al.，2015）、哈萨克斯坦东南部意大利蝗发生严重，且常发生蝗虫跨境迁飞事件（Baybussenov et al.，2015，2014），这必然与相邻区域的种群之间发生基因交流，弱化了群体间的遗传差异，导致不同种群间的遗传性相似。针对虫源相似、群体遗传结构相近的特点，在进行化学防治时，应尽量避免施用与虫源地使用相似的药剂类型，以避免产生抗药性而影响防治效果。

自2013年以来，中哈边境区域未发生大规模的蝗虫跨境迁飞事件，这确保了所采集的蝗虫样本均为当地种群而非境外迁入虫源。但整体而言，由于采样点较少，研究报道当遗传分化程度较弱时，需要更多的样本量或基因来保证研究结果的可靠性（Kalinowski，2005）。

第9章 中哈边境蝗虫迁飞轨迹与虫源地研究

9.1 中哈边境相邻蝗区生态特征比较

迁飞害虫具有突发性、暴发性及难以预测性，极易错过最佳防控时机而造成巨大损失，因此准确进行异地预测预报尤为重要，比较和掌握害虫迁出区与迁入区的生态特征就成为分析蝗虫迁飞轨迹、虫源地及异地预测预报的重要前提与基础。

采用实地调查与室内分析相结合，比较分析了中哈边境的中国新疆塔城边境蝗区和哈萨克斯坦境内阿拉湖蝗区的生态特征。结果表明，塔城边境蝗区、阿拉湖蝗区地势平坦，海拔分别为 $412 \sim 431\text{m}$、$452 \sim 508\text{m}$，无显著差异（$P > 0.05$）；两蝗区主要植被和蝗虫种类相似，均以禾本科（Gramineae）、莎草科（Cyperaceae）、藜科（Chenopodiaceae）、骆驼蓬科（Peganaceae）、菊科（Compositae）的蒿属（*Artemisia*）为主；蝗虫以意大利蝗、黑腿星翅蝗、亚洲飞蝗（*Locusta migratoria migratoria*）、伪星翅蝗（*Calliptamus coelesyriensis*）、红胫戟纹蝗（*Dociostaurus kraussi kraussi*）、黑条小车蝗（*Oedaleus decorus decorus*）为优势类群；塔城边境蝗区、阿拉湖蝗区土壤的 pH 分别为 8.80 ± 0.17、8.16 ± 0.14，含盐量分别为（5.95 ± 1.79）mg/g、（0.71 ± 0.10）mg/g，有机质含量分别为（46.94 ± 4.37）g/kg、（22.53 ± 2.74）g/kg，且两者土壤 pH、含盐量和有机质含量差异显著（$P < 0.05$），土壤中的 Cl^-、SO_4^{2-}、K^+、Na^+、Mg^{2+}、HCO_3^- 含量差异显著（$P < 0.05$）（表 9-1）。两蝗区近 20 年（1980 ～ 1999 年）年均气温、降水量无显著差异（$P > 0.05$），年春（3 ～ 5 月）、夏（6 ～ 8 月）、秋（9 ～ 11 月）、冬（12 月～翌年 2 月）平均气温、降水量 5 年滑动趋势差异显著（$P < 0.05$）（图 9-1、图 9-2）（刘琼等，2017）。

表 9-1 塔城边境蝗区和阿拉湖蝗区土壤理化特性比较

参数	塔城边境蝗区			阿拉湖蝗区		
	最小值	最大值	平均值 ± 标准误	最小值	最大值	平均值 ± 标准误
pH	7.93	10.26	8.80 ± 0.17a	7.55	9.74	8.16 ± 0.14b
含盐量 /（mg/g）	0.71	36.95	5.95 ± 1.79a	0.36	2.04	0.71 ± 0.10b
有机质 /（g/kg）	13.21	91.05	46.94 ± 4.37a	6.97	44.76	22.53 ± 2.74b
Cl^-	0.00	0.28	0.07 ± 0.02a	0.00	0.03	0.01 ± 0.00b
SO_4^{2-}	0.02	20.77	2.45 ± 1.039a	0.01	0.11	0.03 ± 0.01b
Ca^{2+}	0.03	1.08	0.14 ± 0.05a	0.03	0.08	0.06 ± 0.00a
K^+	0.04	0.52	0.16 ± 0.02a	0.01	0.11	0.06 ± 0.01b
Mg^{2+}	0.01	1.22	0.19 ± 0.06a	0.01	0.04	0.02 ± 0.00b

参数	塔城边境蝗区			阿拉湖蝗区		
	最小值	最大值	平均值 ± 标准误	最小值	最大值	平均值 ± 标准误
Na^+	0.03	10.49	$1.28 \pm 0.51a$	0.01	0.46	$0.07 \pm 0.032b$
CO_3^{2-}	0.00	2.22	$0.25 \pm 0.12a$	0.00	0.30	$0.03 \pm 0.02a$
HCO_3^-	0.37	2.70	$0.82 \pm 0.14a$	7.55	0.59	$0.37 \pm 0.03b$

注：表中数据为平均值 ± 标准误，同一行数据后不同小写字母表示塔城边境蝗区和阿拉湖蝗区差异显著（$P < 0.05$，独立样本 t 检验）。

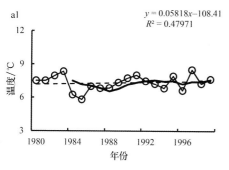

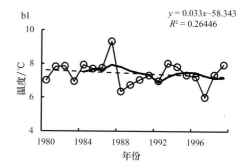

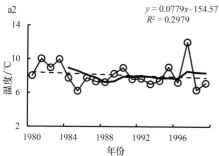

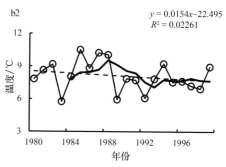

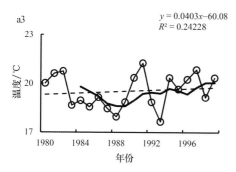

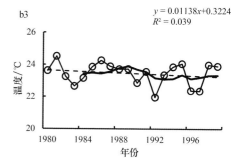

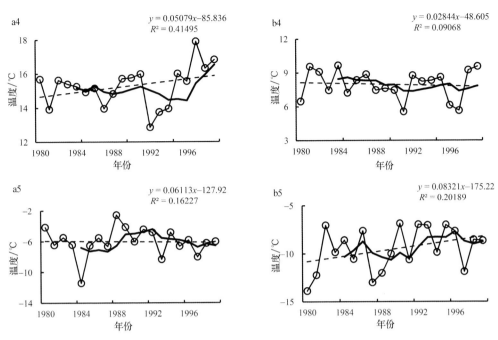

图 9-1　1980 ～ 1999 年塔城边境蝗区和阿拉湖蝗区平均气温年际变化趋势

图 a 和图 b 分别为塔城边境蝗区、阿拉湖蝗区；1 ～ 5 分别为年、春、夏、秋、冬；虚线为线性趋势，粗曲线为 5 年滑动趋势

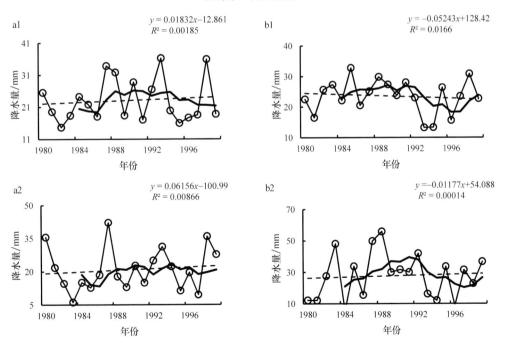

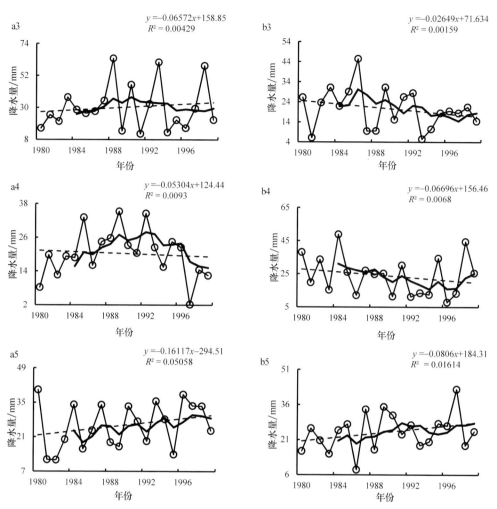

图 9-2　1980 ～ 1999 年塔城边境蝗区和阿拉湖蝗区降水量的年际变化及趋势

图 a 和图 b 分别为塔城边境蝗区、阿拉湖蝗区；1 ～ 5 分别为年、春、夏、秋、冬；虚线为线性趋势，粗曲线为 5 年滑动趋势

9.2　中哈边境亚洲飞蝗跨境迁飞历史数据分析

　　中哈边境蝗虫跨境迁飞危害主要发生在新疆的塔城、阿勒泰边境区域，迁飞的蝗虫种类主要包括亚洲飞蝗和意大利蝗。

　　自 1980 年以来，中国新疆塔城边境区域共有 6 年累计 10 次发生了亚洲飞蝗跨境迁飞事件，分别发生在 1984 年、1985 年、1999 年、2000 年、2005 年和 2008年，其中以 1999 年、2000 年和 2008 年尤为严重。1999 年中国新疆塔城边境区域亚洲飞蝗迁入种群的平均密度为 194.5 头 /m²，集中降落区域的面积达 725.0hm²。2000 年、2008 年的种群密度分别为 15.0 头 /m²、12.5 头 /m²，集中降落区域的面积分别为 150.0hm²、40.0hm²。自 1980 年以来，中国新疆阿勒泰边境区域共有 6 年累计 12 次发生了亚洲飞蝗跨境迁飞事件，分别发生在 1984 年、1987 年、1995 年、2003 年、2004 年和 2008 年，其中以 2003 年和 2004 年尤为严重。2003 年中国新疆阿勒泰边境区域亚洲飞蝗迁入种群的平均密度为 112.3 头 /m²，集中降落区域面积达到 1170.0hm²。2004 年的种群密度为 488.2 头 /m²，集中降落区域面积达到 1267.0hm²。

　　自 1980 年以来，中国新疆塔城边境区域共有 5 年累计 7 次发生了意大利蝗跨境迁飞事件，分别发生在 1985 年、1999 年、2000 年、2010 年和 2011 年，其中以 1999 年、2000 年和 2008 年尤为严重。1999 年中国新疆塔城边境区域意大利蝗迁入种群的平均密度为 106.3 头 /m²，集中降落区域的面积达 225.0hm²。2010 年、2011 年的种群密度均为 45.0 头 /m²，集中降落区域的面积分别为 125.0hm²、35.0hm²。自 1980 年以来，中国新疆阿勒泰边境区域共有 5 年累计 8 次发生了意大利蝗跨境迁飞事件，分别发生在 1985 年、1999 年、2003 年、2008 年和 2011 年，其中以 2003 年和 2011 年尤为严重。2003 年中国新疆阿勒泰边境区域意大利蝗迁入种群的平均密度为 65.3 头 /m²，集中降落区域面积达到 370.0hm²。2011 年的种群密度为 35.0 头 /m²，集中降落区域面积达到 45.0hm²。

9.3　中哈边境亚洲飞蝗境外虫源地分析

　　亚洲飞蝗比意大利蝗具有更强的迁飞能力（黄辉和朱恩林，2001），中哈边境亚洲飞蝗跨境危害造成的损失较意大利蝗更为严重。本章选择中哈边境中国新疆塔城区域、阿勒泰区域的亚洲飞蝗跨境危害严重年份进行研究，采用美国国家海洋和大气管理局（National Oceanic and Atmospheric Administration，NOAA）与澳大利亚气象局（Australian Bureau of Meteorology，ABM）共同研发的大气质点轨迹分析模型拉格朗日混合单粒子轨道模型（hybrid single particle lagrangian integrated trajectory，HYSPLIT），使用美国国家环境预报中心（national centers for environmental pre-diction，NCEP）再分析全球格点数据进行在线模拟。以塔城区域亚洲飞蝗跨境危害最为严重的 1999 年、2000 年和 2008 年为例进行分析，结果表明亚洲飞蝗境外虫源地位于哈萨克斯坦境内的斋桑泊周围（47.07°N ～ 47.64°N，84.2°E ～ 84.97°E）、巴尔喀什湖东部（46.32°N ～ 46.962°N，77.96°E ～ 78.03°E）、阿拉湖周围（45.41°N ～ 46.54°N，79.63°E ～ 81.37°E）、阿亚古兹河周围（47.69°N ～ 47.70°N，79.20°E ～ 79.67°E）、哈萨克斯坦境内的额尔齐斯河周围（49.35°N ～ 50.57°N，79.63°E ～ 81.37°E）。以中哈边境新疆阿勒泰区域亚洲飞蝗跨境危害最为严重的 2003 年和 2004 年为例进行分析，结果表明，亚洲飞蝗境外虫源地位于哈萨克斯坦境内的斋桑泊周围（47.92°N ～ 49.21°N，84.73°E ～ 85.94°E）、巴尔喀什湖东部（46.82°N ～ 47.30°N，79.10°E ～ 79.60°E）、阿亚古兹河周围（47.73°N ～ 48.68°N，81.17°E ～ 81.38°E）、哈萨克斯坦境内的额尔齐斯河周围（48.82°N ～ 50.57°N，81.32°E ～ 82.65°E）。

9.4 中哈边境亚洲飞蝗跨境迁飞轨迹分析

以中哈边境新疆塔城区域亚洲飞蝗跨境危害最为严重的 1999 年、2000 年和 2008 年为例，分析得出亚洲飞蝗跨境迁飞路径有 6 条：①由哈萨克斯坦境内的斋桑泊（84.97°E，47.36°N）途经希利克特（Shilikti，83.27°E，46.96°N）、卡斯他拉善（Kastialara，83.22°E，46.71°N）迁飞至中国新疆塔城边境区域；②由哈萨克斯坦境内的斋桑泊（83.3°E，47.2°N）途经阿克扎尔（Akzar，83.19°E，47.14°N）迁入中国新疆塔城边境区域；③由哈萨克斯坦境内的额尔齐斯河沿岸（80.67°E，50.34°N）途经格奥尔吉耶夫卡（Georgeyevka，81.92°E，48.95°N）、阿克苏阿特（Aksuat，79.91°E，49.39°N）和马坎奇（82.39°E，46.83°N）迁入中国新疆塔城边境区域；④由哈萨克斯坦境内的阿拉湖（81.38°E，46.56°N）周围途经德鲁日巴（Deruriba，82.03°E，45.33°N）迁入中国新疆塔城边境区域；⑤由哈萨克斯坦境内的巴尔喀什湖（78.029°E，46.321°N）途经阿克托盖（Aktogay，79.27°E，46.34°N）、乌尔贾尔（Urdzhar，81.86°E，46.45°N）迁入中国新疆塔城边境区域；⑥由哈萨克斯坦境内的阿亚古兹河（79.20°E，47.704°N）途经塔斯克斯肯（Taskesken，79.43°E，46.95°N）和马坎奇（82.46°E，46.32°N）迁入中国新疆边境塔城区域（图 9-3a ～图 9-3c）。

以中哈边境新疆阿勒泰区域亚洲飞蝗跨境危害最为严重的 2003 年和 2004 年为例，分析得出亚洲飞蝗跨境迁飞路径共有 10 条：①由哈萨克斯坦境内的巴尔喀什湖（79.34°E，46.97°N）途经阿克斗卡（79.37°E，46.45°N）、斋桑泊（84.96°E，47.42°N）迁入中国新疆阿勒泰边境区域；②由哈萨克斯坦境内的额尔齐斯河沿岸（81.72°E，50.57°N）途经科克佩克特（Kokpekty，82.28°E，48.69°N）、斋桑泊（84.75°E，47.54°N）迁入中国新疆阿勒泰边境区域；③由哈萨克斯坦境内的斋桑泊（83.43°E，48.25°N）途经阿克扎尔（Akzar，83.86°E，47.24°N）、新疆境内的和布克赛尔（85.46°E，46.97°N）迁入中国新疆阿勒泰边境区域；④由哈萨克斯坦境内的斋桑泊（84.86°E，48.85°N）途经布兰（Bran，85.23°E，48.12°N）迁入中国新疆阿勒泰边境区域；⑤由哈萨克斯坦境内的斋桑泊（85.94°E，49.11°N）途经马尔卡

湖（Marka Lake，86.18°E，48.84°N）迁入中国新疆阿勒泰边境区域；⑥由斋桑泊
（84.34°E，47.92°N）途经泊希利克特（83.56°E，47.23°N）迁入中国新疆阿勒泰
边境区域；⑦由哈萨克斯坦境内的斋桑泊（85.11°E，48.85°N）途经克鲁普斯科耶
（83.11°E，48.34°N）迁入中国新疆阿勒泰边境区域；⑧由哈萨克斯坦境内的阿亚
古兹河（81.07°E，47.34°N）途经塔斯科斯肯（Taskosken，81.27°E，47.33°N）、
斋桑泊（84.26°E，47.26°N）迁入中国新疆阿勒泰边境区域；⑨由哈萨克斯坦境内
的阿亚古兹河（81.23°E，47.54°N）途经乌尔贾尔（81.53°E，47.75°N）、斋桑泊
（84.32°E，47.33°N）迁入中国新疆阿勒泰边境区域；⑩由哈萨克斯坦境内的额尔齐
斯河（81.92°E，49.22°N）途经斋桑泊（83.54°E，48.53°N）迁入中国新疆阿勒泰边
境区域（图9-4a，图9-4b）。

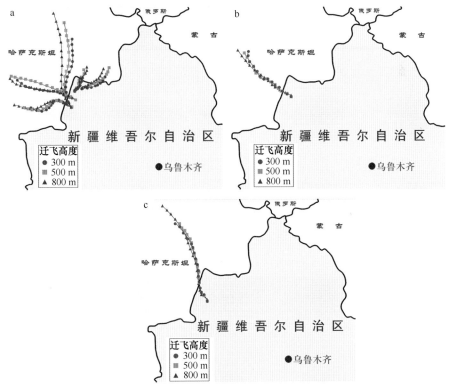

图 9-3　中哈边境塔城区域境外亚洲飞蝗跨境迁飞轨迹

a. 1999 年；b. 2000 年；c. 2008 年

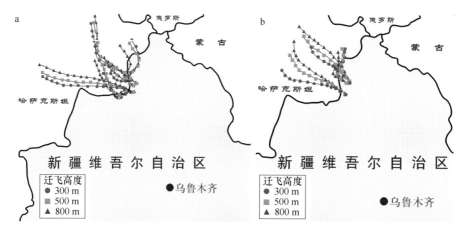

图 9-4　中哈边境阿勒泰区域境外亚洲飞蝗跨境迁飞轨迹

a. 2003 年；b. 2004 年

9.5　中哈边境亚洲飞蝗跨境迁飞风温场分析

气象条件是影响昆虫迁飞行为的直接因素，昆虫迁飞过程中，对大气风温场有较强的选择与适应，适合的风向和适宜的温度有利于昆虫迁飞（韩经纬等，2013；白先达等，2011；王磊等，2006）。对中国新疆塔城边境区域境外亚洲飞蝗跨境迁飞危害严重年份的风温场进行分析。结果表明，1999 年、2000 年和 2008 年亚洲飞蝗迁飞当日虫源地的风向主要有西风、偏西风、北风和西北风，其中以西北风为主，风向与亚洲飞蝗迁飞方向基本相同（表 9-2）。

表 9-2　1999 年、2000 年和 2008 年塔城边境区域亚洲飞蝗迁飞当日虫源地的高空温度和 950hPa 主要风向

虫源地	日期 (年 - 月 - 日)	高空温度 /℃			950hPa 风向			
		300m	500m	800m	偏西风	北风	西风	西北风
斋桑泊	1999-7-2 ～ 3	27.0	23.5	23.5		+++		
斋桑泊	1999-7-5	31.0	22.5	24.0		++		
巴尔喀什湖东部	1999-7-7	28.0	22.5	21.0			++	
阿拉湖	1999-7-8 ～ 9	25.0	24.0	22.0	++			
额尔齐斯河沿岸	1999-8-5	30.0	26.0	24.0				++
阿亚古兹河	2000-7-27	26.0	24.0	23.0				++
额尔齐斯河沿岸	2008-6-12	29.0	26.0	25.0				++

注："+"表示风向频率≤30%，"++"表示风向频率 30% ～ 60%，"+++"表示风向频率 60% ～ 100%。

对中国新疆阿勒泰边境区域境外亚洲飞蝗跨境迁飞危害严重年份的温风场进行分析。结果表明，2003 年和 2004 年亚洲飞蝗迁飞当日虫源地的风向主要有西风、北风和西北风，其中以西北风为主，风向与亚洲飞蝗迁飞方向基本相同（表 9-3）。

通过比较亚洲飞蝗迁飞低温阈值（≤ 19℃）、迁飞适宜温度（尤其儆等，1954）、迁飞当日虫源地不同高度温度判断，300 ～ 500m 是其适宜飞行的高度，800m 的高空温度接近其迁飞低温阈值，不利于其迁飞。

表 9-3　2003 年和 2004 年阿勒泰边境区域亚洲飞蝗迁飞当日虫源地的高空温度和 950hPa 主要风向

境外虫源地分布	日期（年 - 月 - 日）	高空温度 /℃			950hPa 风向			
		300m	500m	800m	偏西风	北风	西风	西北风
巴尔喀什湖东部	2003-7-30	26.0	27.5	24.5			+++	
斋桑泊	2003-8-1	31.0	25.5	23.0				++
额尔齐斯河沿岸	2003-8-14 ～ 15	28.0	26.5	20.0		++		
斋桑泊	2003-8-20 ～ 21	27.0	24.0	22.0	++			
斋桑泊	2003-8-23 ～ 24	30.0	27.0	23.0				++
阿亚古兹河	2004-6-28	26.0	25.0	24.0				++
额尔齐斯河沿岸	2004-7-18 ～ 19	32.0	26.0	25.0				++
斋桑泊	2004-7-27	29.0	26.0	23.0		++		

注："+"表示风向频率 ≤ 30%，"++"表示风向频率 30% ～ 60%，"+++"表示风向频率 60% ～ 100%。

9.6　"中亚昆虫迁飞场"概念的提出

中国新疆塔城、阿勒泰地区的边境蝗区和哈萨克斯坦境内的边境蝗区都属于蝗虫生长发育的适生地（刘琼等，2017；李焕等，2011）。中国新疆边境区域亚洲飞蝗的虫源由本地和境外两部分组成，前者主要分布在塔城南湖额敏河与其支流阿克苏河下游间的沼泽地，以及阿勒泰克兰河与新疆境内额尔齐斯河交汇处的沼泽地等。境外虫源地主要分布在哈萨克斯坦境内的阿拉湖、斋桑泊、巴尔喀什湖东部、额尔齐斯河沿岸和阿亚古兹河，并借助中哈边境区域盛行的西南风和西北风，分别从不同路径迁飞至中国新疆境内危害。针对新疆边境区域蝗虫跨境迁飞危害问题，我国专家与相关国家和地区专家联合攻关，利用已有研究结果，提升监测预警水平，降低损失，减少国际争端。研究结果不仅对提高预测防控水平具有重要价值，而且可为中国新疆边境及相邻区域建立昆虫雷达监测预警技术平台提供科学依据。

昆虫迁飞场（insect migration zone）指形成昆虫迁飞行为的特定环境，包括地面资源配置和大气物理环境，是影响昆虫迁飞外界环境因子的有机综合（张志涛，1992）。截至目前，世界范围内的昆虫迁飞场包括东亚昆虫迁飞场（insect migration zone in East Asia）、北美昆虫迁飞场（insect migration zone in North America）、非洲昆虫迁飞场（insect migration zone in Africa）、欧洲昆虫迁飞场（insect migration zone in Europe）和澳洲昆虫迁飞场（insect migration zone in Australia）。中亚地区属于典型的大陆性气候，中亚不同国家或区域之间在自然地理、生态环境及生物资源等方面都十分相似（姚俊强等，2016，2014），迁飞害虫频繁跨境迁飞或扩散至相邻国家，危害时常发生（芦屹等，2013）。依据昆虫迁飞场的基本条件及中亚区域昆虫迁飞数据和资料，本研究提出中亚昆虫迁飞场（insect migration zone in Central Asia），其理论和实证尚需进一步研究。

第 10 章　中哈边境昆虫雷达监测技术平台建立与应用

10.1　昆虫雷达野外观测实验站建设

害虫迁飞具有暴发性、毁灭性、国际性等特点，提高监测预警能力和水平是及时防控迁飞性害虫的基础。昆虫雷达是经过航海雷达或气象雷达改进的专门用于昆虫监测的雷达，主要利用昆虫反射雷达发出的电磁波，计算昆虫迁飞的速度、高度和方向等，因其自动化监测、高效快速等特点在昆虫迁飞研究领域得到广泛应用（程登发等，2005）。

新疆与周边 8 个国家接壤，是中国面积最大、边境线最长、毗邻国家最多的地区，也是最易遭受周边有害生物跨境危害的地区之一，如哈萨克斯坦国境内蝗虫等重大农牧业害虫时常迁入新疆边境区域危害（阿不都瓦里·伊玛木和古丽曼·海如拉，2013）。害虫跨境危害在吉尔吉斯斯坦和哈萨克斯坦之间、哈萨克斯坦与俄罗斯西西伯利亚之间的相邻边境区域亦时常发生（Valery et al.，2015）。

基于地域优势和多年研究基础，新疆师范大学联合新疆维吾尔自治区畜牧厅、塔城地区畜牧局等单位和部门共同建立"新疆师范大学中亚区域跨境有害生物联合控制国际研究中心野外观测实验站"（以下简称为"实验站"）。结合中哈边境害虫跨境迁飞轨迹及境外虫源地分布的研究结果，将实验站建在中哈边境新疆塔城境内的库鲁斯台草原南部，距离中哈边境边界线约 3km（46°38′N，82°52′E），海拔443m，占地面积约 20 000m²，为科研人员开展科学研究和野外观测等提供了重要保障。实验站内有昆虫雷达、吸虫塔、高空和地面昆虫诱捕装置及小型气象站等科研设备，并安装有避雷针和不间断交流稳压电源。

实验站以解决我国西北边境区域生态安全、新疆区位实际问题为突破口，整合周边国际资源，旨在建立中亚区域跨境危害迁飞昆虫雷达监测预警技术平台，开展跨境危害物种危害规律及综合防控技术的前瞻性和战略性研究，为边境害虫跨境危害监测提供技术支撑和防控决策服务，为保障我国新疆边境区域社会发展与生态安全做出贡献，提升我国在中亚区域的国际科技声望。

10.2　KC-08XVSD 型昆虫雷达特点及选址安装

10.2.1　KC-08XVSD 型昆虫雷达基本技术参数

2016 年新疆师范大学"中亚区域跨境有害生物联合控制国际研究中心"购置

昆虫雷达一部（KC-08XVSD，无锡立洋电子科技有限公司）（图 10-1），该雷达融合了旋转极化垂直昆虫雷达和扫描昆虫雷达技术的优点，运用双路馈线技术实现了近距离探测，可对空中 100 ～ 5000m 的目标昆虫进行观测，扫描模式下仰角为0°、15°、30° 和 45°。KC-08XVSD 型昆虫雷达工作在 X 波段，发射频率为 9.3 ～9.5GHz，发射功率为 10kW，工作电压为 AC 220V、52Hz、单相交流电源。雷达室外部件正常工作的温度范围为 –20 ～ –70℃，湿度不超过 98%，风速不超过 20m/s；室内部件正常工作的温度范围为 0 ～ 40℃，湿度不超过 90%。

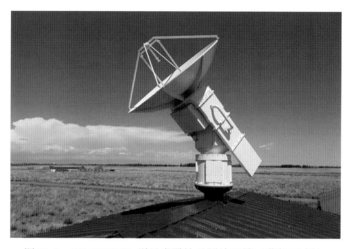

图 10-1　KC-08XVSD 型昆虫雷达及周边环境（曹凯丽 摄）

10.2.2　KC-08XVSD 型昆虫雷达工作原理

KC-08XVSD 型昆虫雷达包括发射系统和伺服系统。发射系统在整机同步信号的控制下输出大功率脉冲微波信号，微波脉冲经过环形器、1# 馈源、天线向空中发射。接收时，天线将接收到的信号汇聚到天线焦点的两个馈源：1# 馈源和 2# 馈源。1# 馈源是主馈源，主要接收远距离的回波，并将接收到的信号通过环形器输入到高频接收机 1，信号经放大后输入到混频器 1# 输入端；2# 馈源是副馈源，主要接收近距离的回波，通过高频接收机 2 将信号放大后输入到混频器 2# 输入端。信号处理系统中选择信号程序控制混频器，选择其中一路信号进行混频，输出中频信号经过对数中频放大器进行放大，经信号采样输出给信号处理系统进行数据处理和分析，最终通过终端软件进行显示、存储和传输等。伺服系统负责天线方位、俯仰运转及双路馈线的高速运转控制，当进行垂直探测时，伺服系统控制天线俯仰转到 90°、方位0°，同时控制双路馈源高速运转，完成垂直昆虫雷达的探测任务；当进行扫描探测时，伺服系统将双路馈线控制定点到水平极化状态，天线的方位和俯仰开始进行扫描探测任务。

10.2.3　KC-08XVSD 型昆虫雷达选址安装

根据昆虫雷达安装对周边环境的要求，将 KC-08XVSD 型昆虫雷达安装在实验站内，实验站周围地势平坦且开阔，无高大山脉、树林及建筑物的遮挡，将雷达及其室外天线安置在高 8m 的观测楼顶，以确保雷达最低仰角工作时的有效探测范围。雷达周围无影响其工作的其他电磁干扰，确保了雷达探测环境相对稳定，雷达工作用电和避雷针规格均符合国家 GB 标准。

10.3　中哈边境塔城区域高空昆虫雷达观测与分析

10.3.1　中哈边境塔城区域昆虫种类和数量及与风速风向的关系

高空和地面灯诱结果表明（表 10-1），高空灯和地面灯诱捕昆虫种类差异较大，高空灯诱集到的昆虫主要以鳞翅目和鞘翅目为主，地面灯诱集到的昆虫主要以鞘翅目、半翅目、双翅目和直翅目为主。

高空灯共诱捕到 151 种昆虫，分属 12 目 50 科。2017 年诱捕昆虫属 26 科，天蛾科、夜蛾科和步甲科占主要优势；2018 年诱捕昆虫属 35 科，天蛾科、夜蛾科、步甲科、龙虱科、金龟科、鳃金龟科和蟋蟀科占主要优势。地面灯共诱捕到 137 种昆虫，分属 12 目 54 科。2017 年诱捕昆虫属 21 科，隐翅甲科和步甲科占主要优势，步甲科以谷婪步甲为优势种；2018 年诱捕昆虫属 31 科，蝽科、隐翅甲科、步甲科和金龟科占主要优势。

表 10-1　中哈边境塔城区域的昆虫种类与数量（2017 年和 2018 年）

种类	诱虫数量 / 头			
	2017 年		2018 年	
	高空灯	地面灯	高空灯	地面灯
半翅目 Hemiptera				
蝽科 Pentatomidae				
苍蝽 *Brochynema germarii*	124	476	272	967
鳞翅目 Lepidoptera				
天蛾科 Sphingidae				
甘薯天蛾 *Agrius convolvuli*	1 782	15	742	4
沙枣白眉天蛾 *Celerio hippophaes*	654	17	403	41
红天蛾 *Pergesa elpenor lewis*	216	63	59	36
深色白眉天蛾 *Celerio gallii*	4	2	43	0
夜蛾科 Noctuidae				
八字地老虎 *Xestia c-nigrum*	353	140	103	3

续表

种类	诱虫数量 / 头			
	2017 年		2018 年	
	高空灯	地面灯	高空灯	地面灯
宽胫夜蛾 *Protoschinia scutosa*	3 129	503	704	66
旋歧夜蛾 *Discestra trifolii*	197	107	1 453	138
斜纹夜蛾 *Spodoptera litura*	149	127	1	0
小地老虎 *Agrotis ipsilon*	13	8	7	0
白点粘夜蛾 *Leucania loreyi*	43	30	13	1.43
银锭夜蛾 *Macdunnoughia crassisigna*	29	2	105	24
杨裳夜蛾 *Catocala nupta*	2	0	0	1
棉铃虫 *Helicoverpa armigera*	191	3	95	5
其他夜蛾	120	69	78	156
舟蛾科 Notodontidae				
杨二尾舟蛾 *Cerura menciana*	30	3	22	1
其他舟蛾	5	0	23	5
灯蛾科 Arctiidae				
豹灯蛾 *Arctia caja*	27	7	10	3
木蠹蛾科 Cossidae				
榆木蠹蛾 *Holcocerus vicarius*	0	1	2	1
脉翅目 Neuroptera				
草蛉科 Chrysopidae				
丽草蛉 *Chrysopa formosa*	1	14	81	85
蚁蛉科 Myrmeleontidae	174	6	418	62
双翅目 Diptera				
大蚊科 Tipulidae	5	9	664	496
丽蝇科 Calliphoridae	7	0	1	0
蜻蜓目 Odonata	2	3	2	4
鞘翅目 Coleoptera				
隐翅甲科 Staphylinidae	57 526	66 970	687 564	809 391
步甲科 Carabidae	8 021	5 830	7 658	5 523
虎甲科 Cicindelidae	880	56	341	128
龙虱科 Dytiscidae				
黄缘龙虱 *Cybister cimbatus*	230	0	1 153	172
水龟虫科 Hydrophilidae				

续表

种类	诱虫数量 / 头			
	2017 年		2018 年	
	高空灯	地面灯	高空灯	地面灯
黑水龟虫 *Hydrous piceus*	120	1	366	6
埋葬甲科 Silphidae	287	301	9	3
金龟科 Scarabaeidae				
黑额喙丽金龟 *Adoretus nigrifrons*	3	2	613	242
游荡蜉金龟 *Aphodius erraticus*	0	0	1175	2 598
鳃金龟科 Melolonthidae	290	543	5 168	88
象甲科 Curculionidae				
欧洲方喙象 *Cleonus piger*	363	543	103	532
瓢甲科 Coccinellidae				
十三斑长足瓢虫 *Hippodamia tredecimpunctata*	35	67	138	109
芫菁科 Meloidae				
草原斑芫菁 *Mylabris frolovi*	2	0	12	7
蚁型斑芫菁 *Mylabris quadrisignata*	3	6	2	8
四点斑芫菁指名亚种 *Mylabris quadripunctata quadripunctata*	28	23	36	32
革翅目 Dermaptera				
球蝼科 Forficulidae				
二斑张铗蝼 *Anechura bipunctata*	81	21	24	74
螳螂目 Mantodea	16	28	155	18
直翅目 Orthoptera				
斑翅蝗科 Oedipodidae				
亚洲飞蝗 *Locusta migratoria migratoria*	67	0	6	0
蓝斑翅蝗 *Oedipoda caerulescens*	64	4	14	118
蟋蟀科 Gryllidae				
草原黑蟋 *Gryllus desertus*	317	193	1314	569
蝼蛄科 Gryllotalpoidae				
华北蝼蛄 *Gryllotalpa unispina*	1	0	18	0
螽斯科 Tettigoniidae				
灰跳螽 *Platycleis grisea*	45	1	32	7
未鉴定种	15	5	20	14

通过两年连续观测发现，2017 年宽胫夜蛾（*Protoschinia scutosa*）发生 2 次虫量高峰期，7 月 25 日达到最多，当晚诱捕数量为 616 头，诱虫百分比为 22.02%；甘薯天蛾（*Agrius convolvuli*）发生 2 次虫量高峰期，7 月 30 日达到最多，当晚诱捕数量为 300 头，诱虫百分比为 32.43%；2018 年旋歧夜蛾（*Discestra trifolii*）发生 3 次虫量高峰期，8 月 8 日达到最多，当晚诱捕量为 203 头，诱虫百分比为 17.11%；甘薯天蛾发生 1 次虫量高峰期，8 月 21 日达到最多，当晚诱捕量为 238 头，诱虫百分比为 23.63%（图 10-2）。

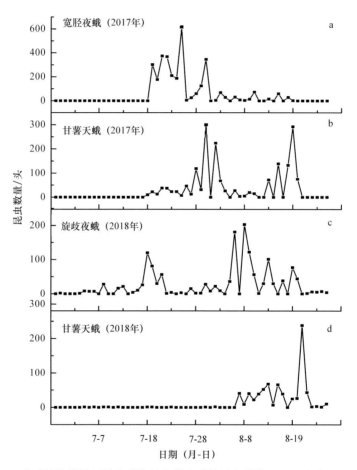

图 10-2　中哈边境塔城区域种群数量突增突减的昆虫种类（2017 年和 2018 年）

2017 年风向转为偏西风（*n*=7，77.78%），风速为 1.8 ～ 2.8m/s，高空灯和地面灯诱虫数量显著增加（*P* ＜ 0.05）（图 10-3）。2018 年风向转为偏西风（*n*=11，45.83%），风速为 1.4 ～ 2.3m/s，高空灯和地面灯诱虫数量显著增加（*P* ＜ 0.05）（图 10-4），风速＞ 2.8m/s 时，诱虫数量较少。

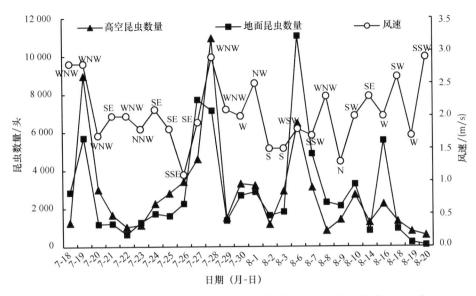

图 10-3　中哈边境塔城区域高空和地面昆虫数量与风速风向的关系（2017 年）

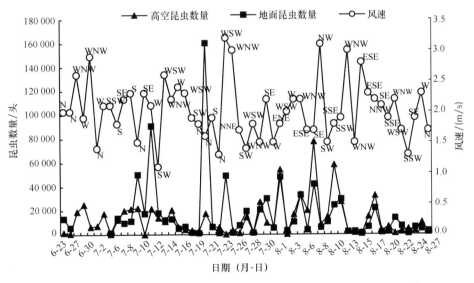

图 10-4　中哈边境塔城区域高空和地面昆虫数量与风速风向的关系（2018 年）

10.3.2　中哈边境塔城区域高空昆虫雷达观测分析

根据塔城区域气候特征及昆虫生长发育期，于2017年和2018年的6月至8月运用昆虫雷达连续观测中哈边境塔城区域高空飞行的昆虫，除雨天和机械故障外，雷达每日工作24h，扫描模式采用0°、15°、30°和45°仰角进行观测，实时采集RHI（range height indicator）、PPI（plan position indicator）和3PPI（3 plan position indicator）等数据自动存入计算机，以备后期分析使用。

雷达观测结果表明（图10-5），相比0°、30°和45°仰角，15°仰角下观察到的回波数量更多，一般22:00左右（日落时分）回波数量开始增多，回波数量主要集中在200～600m的高度，至23:00左右达到高峰期，第二日02:00左右回波数量降低，直至06:00回波数量基本保持不变。2017年7月24日高空灯诱捕到大量宽胫夜蛾，诱虫百分比为36.74%，同时雷达屏幕显示大量回波点，除23:00和02:30回波数量集中在1000m高度外，其余时间段均主要集中在200～600m高度，高峰期一直持续到04:00左右，向东北方向飞行（图10-6）。

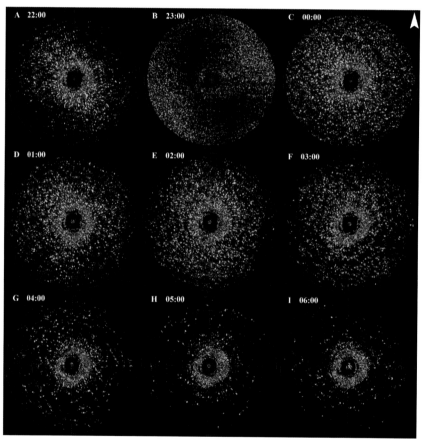

图10-5　2017年7月24日22:00至25日06:00雷达15°仰角回波数量动态变化

本研究得出，6月至8月中哈边境空中昆虫数量先增多后减少，高空和地面昆虫均以鳞翅目夜蛾科种类最多，鞘翅目隐翅甲科昆虫数量最多，宽胫夜蛾、旋歧夜蛾

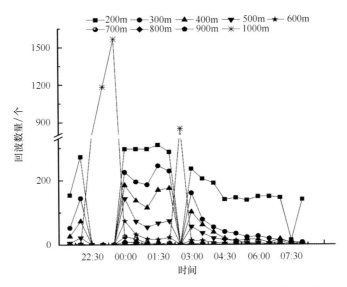

图 10-6　2017 年 7 月 24 日 21：30 至 25 日 08：00 不同高度雷达回波数量动态变化

和甘薯天蛾的种群数量具有突增突减现象。偏西风天气、风速在 1.4 ～ 2.8m/s 时高空灯和地面灯诱虫数量较多。雷达回波点显示昆虫在夜间较活跃，迁飞时段主要集中在 22:00 ～ 03:00，迁飞高度范围为 200 ～ 600m，有明显的成层现象且定向飞行。昆虫空中聚集成层的机制主要有"逆温成层假说"（在温暖的气流中成层迁飞）和"风切变成层假说"（在风切变最强的区域成层迁飞）（Reynolds et al.，2008；Hobbs and Wolf，1989）。中哈边境塔城区域空中昆虫飞行成层机制还需进一步研究。

　　通过高空灯连续多日诱捕到群居型亚洲飞蝗，虽未发生大规模迁飞危害，但表明中哈边境新疆区域仍存在亚洲飞蝗跨境危害的可能性，研究组将继续发挥中哈边境昆虫雷达监测预警技术平台作用，加强迁飞规律等基础理论研究和雷达监测技术应用方面的研究，为新疆西北边境害虫跨境迁飞危害监测提供技术支撑和防控决策服务。

参 考 文 献

阿不都瓦里·伊玛木, 古丽曼·海如拉. 2013. 哈萨克斯坦共和国的蝗虫发生与治理情况介绍. 新疆畜牧业, (6): 62-63.

白先达, 黄超艳, 唐广田, 等. 2011. 桂林地区稻纵卷叶螟迁飞气象条件分析. 广东农业科学, 38 (2): 69-72.

陈爱端, 李克斌, 尹娇, 等. 2011. 环境因子对沟金针虫呼吸代谢的影响. 昆虫学报, 54 (4): 397-403.

陈兵, 康乐. 2005. 昆虫对环境温度胁迫的适应和种群分化. 自然科学进展, 15 (3): 265-271.

程登发, 张云慧, 陈林, 等. 2005. 农作物重大生物灾害监测与预警技术. 重庆: 重庆出版社.

崔双双, 朱道弘. 2011. 中华稻蝗的胚胎发育及卵滞育发生的胚胎发育阶段. 应用昆虫学报, 48 (4): 845-853.

窦洁, 张若燕, 刘敏, 等. 2017. 飞行前后意大利蝗飞行肌及能源消耗比较. 草业科学, 34 (8): 1721-1726.

杜尧, 马春森, 赵清华, 等. 2007. 高温对昆虫影响的生理生化作用机理研究进展. 生态学报, 27 (4): 1565-1572.

高书晶, 李东伟, 刘爱萍, 等. 2011. 不同地理种群的亚洲小车蝗 mtDNA CO I 基因序列及其相互关系. 草地学报, 19 (5): 846-857.

戈峰. 2011. 应对全球气候变化的昆虫学研究. 应用昆虫学报, 48 (5): 1117-1122.

戈峰, 陈常铭. 1990. 褐飞虱和八斑球腹蛛的呼吸代谢及其能量消耗. 昆虫学报, 33 (1): 35-42.

葛婧, 任金龙, 赵莉. 2014. 意大利蝗越冬卵游离氨基酸变化研究. 新疆农业科学, 51 (10): 1840-1844.

郭海波, 许永玉, 鞠珍, 等. 2006. 中华通草蛉成虫抗寒能力季节性变化. 生态学报, 26 (10): 3238-3244.

韩经纬, 陈素华, 闫伟兄, 等. 2013. 草地螟越冬代成虫迁飞的气象条件分析. 中国农业气象, 34 (3): 332-337.

何立志, 刘余平, 闫蒙云, 等. 2017. 西伯利亚蝗越冬卵的呼吸代谢规律研究. 应用昆虫学报, 54 (1): 92-99.

黄辉, 朱恩林. 2001. 哈萨克斯坦蝗灾严重发生. 世界农业, (6): 46-47.

霍光明. 2006. 应用 CO I 和 Cytb 基因序列研究蝗总科昆虫的系统进化. 南京: 南京师范大学硕士学位论文.

姜石生. 2011. 基于线粒体 DNA 的 16S rRNA、CO I 和 CO II 基因的黄脊竹蝗 5 地理种群遗传多样性研究. 中南林业科技大学硕士学位论文.

焦晓国, 宣维健, 盛承发, 等. 2006. 水稻二化螟的交配行为. 生态学报, 26 (4): 1110-1115.

李焕, 朱海棠, 童忠, 等. 2011. 新疆阿勒泰地区西部蝗虫发生特征分析. 沙漠与绿洲气象, 5 (4): 58-62.

李娟, 李爽, 王冬梅, 等. 2014. 高温胁迫下西伯利亚蝗体内抗逆物质含量变化. 昆虫学报, 57 (10): 1155-1161.

李克斌, 曹雅忠, 罗礼智, 等. 2005. 飞行对粘虫体内甘油酯积累与咽侧体活性的影响. 昆虫学报, 48 (2): 155-160.

李娜, 周晓榕, 庞保平, 等. 2014. 轮纹异痂蝗卵的过冷却能力与其体内水分和生化物质含量的关系. 昆虫学报, 57 (7): 745-753.

李爽, 蔡梦婷, 马婉颖, 等. 2016. 意大利蝗和西伯利亚蝗高温耐受能力及酶活性比较研究. 应用昆虫学报, 53 (5): 1077-1083.

李爽, 王冬梅, 李娟, 等. 2015. 雌雄意大利蝗耐高温差异及其生理生化响应对策. 应用昆虫学报, 25 (4): 960-967.

李云龙，李霞，梁铁双，等．2013.北京及周边地区 7 个地理种群的亚洲小车蝗 mtDNA *CO1* 基因序列分析．植物保护，39（5）：117-222.

刘辉．2007.两型东亚飞蝗飞行能力及其相关生理机制研究．北京：中国农业科学院硕士学位论文．

刘琼，何立志，张永军，等．2017.中哈边境蝗区蝗虫孳生和发生地的重要生态学特征．环境昆虫学报，39（2）：365-371.

刘婷，吴伟坚．2008.滞育和滞育后越北腹露蝗卵中游离氨基酸的变化．华南农业大学学报，29（1）：35-38.

刘兴平，何海敏，匡先钜，等．2010.影响大猿叶虫交配持续时间的因素．昆虫学报，53（5）：549-554.

芦屹，王惠卿，魏新政，等．2013.2012 年新疆草地螟重发特点及原因分析．中国植保导刊，33（12）：47-51.

吕伟祥．2015.促进粘虫生殖的飞行模式及其能源物质分配规律．北京：中国农业科学院硕士学位论文．

马亚斌，孙丽娟，李洪刚，等．2016.高温对西花蓟马卵巢发育及卵黄蛋白含量的影响．昆虫学报，59（2）：127-137.

庞雄飞．1963.温度对几种昆虫吸氧量的影响．昆虫知识，8（2）：56-63.

钱雪．2017.温度对西伯利亚蝗呼吸强度及关键代谢酶的影响．乌鲁木齐：新疆师范大学硕士学位论文．

钱雪，窦洁，王冬梅，等．2016.西伯利亚蝗气门结构及呼吸代谢对高温胁迫的响应．应用昆虫学报，53（4）：837-842.

强承魁，杜予州，于玲雅，等．2008.水稻二化螟越冬幼虫耐寒性物质的动态变化．应用生态学报，19（3）：599-605.

任金龙，赵莉，葛婧．2015.意大利蝗的胚胎发育及卵滞育发生的胚胎发育阶段．昆虫学报，58（11）：1201-1212.

任金龙，赵莉，葛婧．2014.意大利蝗 *Calliptamus italicus*（L.）卵巢发育的研究．应用昆虫学报，51（5）：1280-1288.

孙芳，陈中正，段毕升，等．2013.蝇蛹金小蜂的交配行为及雄蜂交配次数对雌蜂繁殖的影响．生态学报，33（14）：4354-4360.

孙计拓，邓礼，周康念，等．2012.温度对葡萄十星瓢萤叶甲交配行为的影响．生物灾害科学，35（1）：50-54.

孙嵬，张柱亭，类成平，等．2013.不同地理种群黄胫小车蝗的遗传多样性及遗传分化研究．沈阳农业大学学报，44（6）：748-753.

谭瑶，张玉，霍志家，等．2017.沙葱萤叶甲热激蛋白基因 *GdHsp70* 的克隆与表达模式分析．昆虫学报，60（8）：865-875.

王冬梅，李爽，张永军，等．2016a.意大利蝗不连续气体交换循环（DGC）呼吸周期历时对高温胁迫的响应．昆虫学报，59（5）：516-522.

王冬梅，于冰洁，聂芳，等．2016b.意大利蝗交配行为观察．环境昆虫学报，38（5）：918-923.

王冬梅，李娟，李爽，等．2014.温度对意大利蝗呼吸代谢的影响．昆虫学报，57（3）：373-378.

王冬梅．2016.温度对意大利蝗呼吸代谢及取食和交配行为的影响研究．乌鲁木齐：新疆师范大学硕士学位论文．

王欢，李凯，方琦，等．2012.蝶蛹金小蜂热激蛋白家族基因表达与热保护功能．昆虫学报，55（8）：903-910.

王磊，徐光青，刘大锋，等．2006.迁入性亚洲飞蝗与气象因子关系的研究．新疆气象，29（5）：25-27.

王艳敏，仵均祥，万方浩．2010.昆虫对极端高低温胁迫的响应研究．环境昆虫学报，32（2）：250-255.

吴坤君，龚佩瑜，李秀珍．1989.棉铃虫越冬蛹呼吸代谢的某些特点．昆虫学报，32（2）：136-143.

吴坤君，龚佩瑜，李秀珍．1985.棉铃虫成虫期的呼吸代谢及其能量消耗．生态学报，5（2）：147-156.

向敏，扈鸿霞，于非，等．2017a.短时高温处理对意大利蝗卵子发生期 HSP70 蛋白表达的影响．草业科学，34（6）：1299-1305.

向敏，樊泰山，扈鸿霞，等．2017b.短时高温对意大利蝗存活和生殖的影响．应用昆虫学报，54（3）：426-433.

徐淼洋 . 2009. 基于 18S rRNA、16S rRNA、*COI*、*COII* 基因的蝗总科系统发育研究 . 保定：河北大学硕士学位论文 .

闫蒙云，何立志，王晗，等 . 2018a. 西伯利亚蝗越冬卵的发育特征及胚胎发育规律 . 草业科学，35（8）：1985-1993.

闫蒙云，徐叶，王香香，等 . 2018b. 意大利蝗卵越冬期呼吸代谢对季节变化的响应 . 植物保护学报，45（6）：1302-1307.

杨亮 . 2008. 斑腿蝗科部分种的线粒体 *COI* 与 *COII* 基因分子进化与系统学研究 . 西安：陕西师范大学硕士学位论文 .

杨现明，陆宴辉 . 2018. 基于线粒体 DNA 的宁夏、内蒙古及周边地区棉铃虫种群遗传结构 . 应用昆虫学报，55（1）：25-31.

姚俊强，杨青，毛炜峄，等 . 2016. 气候变化和人类活动对中亚地区水文环境的影响评估 . 冰川冻土，38（1）：222-230.

姚俊强，刘志辉，杨青，等 . 2014. 近 130 年来中亚干旱区典型流域气温变化及其影响因子 . 地理学报，69（3）：291-302.

尤其儆，陈永林，马世骏 . 1954. 散居型亚洲飞蝗 *Locusta migratoria manilensis* 迁移习性初步观察 . 昆虫学报，（1）：1-10.

于令媛，时爱菊，郑方强，等 . 2012. 大草蛉预蛹耐寒性的季节性变化 . 中国农业科学，45（9）：1723-1730.

张国辉，孙涛，胡煜，等 . 2009. 不同温度对黑粪蚊交配行为和生殖力的影响 . 西北农林科技大学学报，37（6）：177-180.

张丽娟，雒珺瑜，张帅，等 . 2018. 基于线粒体 *COI* 基因黑唇苜蓿盲蝽种群遗传结构与遗传多样性分析 . 应用昆虫学报，55（4）：667-678.

张陵 . 2008. 基于 *COI* 与 *Cytb* 基因序列的斑腿蝗科部分种类的分子系统学研究 . 西安：陕西师范大学硕士学位论文 .

张志涛 . 1992. 昆虫迁飞与昆虫迁飞场 . 植物保护，18（1）：48-50.

赵静，于丽媛，李敏，等 . 2008. 异色瓢虫成虫耐寒能力的季节性变化 . 昆虫学报，51（12）：1271-1278.

赵卓 . 2005. 东北四平地区蝗虫配子发生及原癌基因 *c-kit* 特异性表达的生殖生态学研究 . 西安：陕西师范大学博士学位论文 .

周娇，李娟，翁强，等 . 2013. 蜕皮激素对昆虫生长及生殖过程的调控 . 应用昆虫学报，50（5）：1413-1418.

周康念，张爵龙，邓礼，等 . 2012. 交配持续时间对茄 28 星瓢虫生殖适应性的影响 . 生物灾害科学，35（1）：40-44.

朱道弘，陈艳艳，赵琴 . 2013. 黄脊雷蓖蝗越冬卵的滞育发育特性 . 生态学报，33（10）：3039-3046.

Bartholomew G A，Light J R B，Louw G N. 1985. Energetics of locomotion and patterns of respiration in tenebrionid beetles from the Namib Desert. Journal of Comparative Physiology B，155（2）：155-162.

Baybussenov K S，Sarbaev A T，Azhbenov V K，et al. 2014. Environmental features of population dynamics of hazard nongregarious locusts in northern Kazakhstan. Life Science Journal，11（10）：277-281.

Baybussenov K S，Sarbaev A T，Azhbenov V K，et al. 2015. Predicting the phase state of the abundance dynamics of harmful non-gregarious Locusts in Northern Kazakhstan and substantiation of protective measures. Biosciences Biotechnology Research Asia，12：1535-1543.

Beneli G，Meregalli M，Canale A. 2014. Field observations on the mating behavior of *Aclees* sp. cf. *foveatss* Voss（Coleoptera：Curculionidae），an exotic pest noxious to fig orchards. Journal of Insect Behavior，27（3）：419-427.

Bensasson D，Zhang D X，Hewitt G M. 2000. Frequent assimilation of mitochondrial DNA by grasshopper nuclear genomes. Molecular Biology and Evolution，17：406-415.

Blanchet E，Blondin L，Gagnaire P A，et al. 2010. Multiplex PCR assay to discriminate four neighbour species of the *Calliptamus* genus（Orthoptera：Acrididae）from France. Bulletin of Entomology and Research，100：701-706.

Blanchet E, Lecoq M, Pages C, et al. 2012b. A comparative analysis of fine-scale genetic structure in three closely related syntopic grasshopper species (*Calliptamus* sp.). Canadian Journal of Entomology, 90: 31-41.

Blanchet E, Lecoq M, Sword G A, et al. 2012a. Population structures of three *Calliptamus* spp. (Orthoptera: Acrididae) across the Western Mediterranean Basin. European Journal of Entomology, 109: 445-455.

Block W, Zettel J. 2003. Activity and dormancy in relation to body water and cold tolerance in a winter-active springtail (Collembola). European Journal of Entomology, 100 (3): 305-312.

Boivin T, Bouvier J C, Beslay D, et al. 2004. Variability in diapause propensity within populations of a temperate insect species: interactions between insecticide resistance genes and photoperiodism. Biological Journal of the Linnean Society, 83: 341-351.

Bryant B, Raikhel A S. 2011. Programmed autophagy in the fat body of *Aedes aegypti* is required to maintain egg maturation cycles. PLoS One, 6 (11): e25502.

Burgov A, Novikova O, Mayorov V, et al. 2006. Molecular phylogeny of Palearctic genera of *Gomphocerinae grasshoppers* (Orthoptera: Acrididae). Systematic Entomology, 31: 362-368.

Contreras H L, Bradley T J. 2009. Metabolic rate controls respiratory pattern in insects. The Journal of Experimental Biology, 212 (3): 424-428.

Contreras H L, Bradley T J. 2011. The effect of ambient humidity and metabolic rate on the gas-exchange pattern of the semi-aquatic insect *Aquarius remigis*. The Journal of Experimental Biology, 214 (7): 1086-1091.

Contreras H L, Heinrich E C, Bradley T J. 2014. Hypotheses regarding the discontinuous gas exchange cycle (DGC) of insects. Current Opinion in Insect Science, 4 (1): 48-53.

Cossins A R, Prosser C L. 1978. Evolutionary adaptation of membranes to temperature. Proceedings of the National Academy of Sciences of the United Stated of America, 75 (4): 2040-2043.

Dahlhoff E P, Rank N E. 2007. The role of stress proteins in responses of a montane willow leaf beetle to environmental temperature variation. Bioscience, 32 (3): 477-488.

Domingo I, Heong K L. 1992. Evaluating high temperature tolerance in the brown planthopper. International Rice Research Notes, 17 (3): 22.

Goto M, Sekine Y, Outa H, et al. 2001. Relationships between cold hardiness and diapause, and between glycerol and free amino acid contents in overwintering larvae of the oriental corn borer, *Ostrinia furnacalis*. Journal of Insect Physiology, 47 (2): 157-165.

Hamiton A G. 1964. The occurrence of periodic or continuous discharge of carbon dioxide by male desert locusts (*Schistocerca gregaria* Forskal) measured by an infra-red gas analyzer. Proceedings of the Royal Society of London, 160 (980): 373-395.

Hetz S K, Bradley T J. 2005. Insects breathe discontinuously to avoid oxygen toxicity. Nature, 433 (3): 516-519.

Hobbs S E, Wolf W W. 1989. An airborne radar technique for studying insect migration. Bulletin of Entomological Research, 79: 693-704.

Jiang X F, Luo L Z, Zhang L, et al. 2011. Regulation of migration in *Mythimna separata* (Walker) in China: a review integrating environmental, physiological, hormonal, genetic, and molecular factors. Environmental Entomology, 40 (3): 516-533.

Jõgar K, Kuusik A, Metspalu L, et al. 2014. The length of discontinuous gas exchange cycles in lepidopteran pupae may serve as a mechanism for natural selection. Physiological Entomology, 39 (4): 322-330.

Johnson C G. 1969. Migration and dispersal of insects by flight. London: Methuen.

Kalinowski S T. 2005. Do polymorphic loci require large sample sizes to estimate genetic distances? Heredity, 94: 33-36.

Kolluru G R, Chappell M A, Zuk M. 2004. Sex differences in insect metabolic rates in field crickets (*Teleogryllu soceanicus*) and their dipteran parasitoids (*Ormia ochracea*). Journal of Comparative Physiology B, 174 (8): 641-648.

Liochev S I, Fridovich I. 2007. The effects of superoxide dismutase on H_2O_2 formation. Free Radical Biology and Medicine, 42 (10): 1465-1469.

Marais E, Klok C J, Terblanche J S, et al. 2005. Insect gas exchange patterns: a phylogenetic perspective. The Journal of Experimental Biology, 208 (23): 4495-4507.

Matthews P G D, White C R. 2012. Discontinuous gas exchange, water loss, and metabolism in *Protaetia cretica* (Cetoniinae, Scarabaeidae). Physiological and Biochemical Zoology, 85 (2): 174-182.

Patrick A G, Gerald S P. 2009. Flight behaviour attenuates the trade-off between flight capability and reproduction in a wing polymorphic cricket. Biology Letters, 5: 229-231.

Popova E N, Semenov S M, Popov I O. 2016. Assessment of possible expansion of the climatic range of Italian Locust (*Calliptamus italicus* L.) in Russia in the 21st century at simulated climate changes. Russian Meteorology and Hydrology, 41: 213-217.

Prange H D. 1996. Evaporative cooling in insects. Journal of Insect Physiology, 42 (5): 493-499.

Reddy S R R, Campbell J W. 1969. Arginine metabolism in insects: properties of insect fat body arginase. Comparative Biochemistry and Physiology, 28 (2): 515-534.

Reynolds D R, Smith A D, Chapman J W. 2008. A radar study of emigratory flight and layer formation by insects at dawn over southern Britain. Bulletin of Entomological Research, 98 (1): 35-52.

Rouibah M, López-López A, Presa J J, et al. 2016. Molecular phylogenetic and phylogeographic study of two forms of *Calliptamus barbarus* (Costa 1836) (Orthoptera: Acrididae, Calliptaminae) from two regions of Algeria. International Journal of Entomology, 52 (2): 77-87.

Rousset F. 1997. Genetic differentiation and estimation of gene flow from F-statistics under isolation by distance. Genetics, 145: 1219-1228.

Roux O, Lann C L, van Alphen J J M, et al. 2010. How does heat shock affect the life history traits of adults and progeny of the aphid parasitoid *Aphidius avenae* (Hymenoptera: Aphidiidae)? Bulletin of Entomological Research, 100 (5): 543-549.

Schimpf N G, Matthews P G D, Wilson R S, et al. 2009. Cockroaches breathe discontinuously to reduce respiratory water loss. The Journal of Experimental Biology, 212 (17): 2773-2780.

Sergeev M G. 1992. Distribution patterns of Orthoptera in North and Central Asia. Journal of Orthoptera Research, 182: 14-24.

Sibly R M, Brown J H, Brown A K. 2012. Metabolic Ecology: A Scaling Approach. London: John Wiley & Sons.

Silva W D, Mascarin G M, Romagnoli E M, et al. 2012. Mating behavior of the coffee berry borer, *Hypothenemus hampei* (Coleoptera: Curculionidae: Scolytinae). Journal of Insect Behavior, 25 (4): 408-417.

Trumble J T, Butler C D. 2009. Climate change will exacerbate California's insect pest problems. California Agriculture, 63 (2): 73-78.

Valery K A, Kurmet S B, Amageldy T S, et al. 2015. Preventive approach of phytosanitary control of locust pests in Kazakhstan and adjacent areas. Ecological and Medical Sciences, 2: 33-37.

Wang X H, Qi X L, Kang L. 2003. Rapid cold hardening process of insects and its ecologically adaptive significance. Progress in Natural Science, 13 (9): 641-647.

Wolfe J, Bryant G, Koster K L. 2002. What is 'unfreezable water', how unfreezable is it and how much is there? Cryoletters, 23 (3): 157-166.

Zeng Y, Zhu D H, Zhao L Q. 2014. Critical flight time for switch from flight to reproduction in the wing dimorphic cricket *Velarifictorus aspersus*. Evolutionary Biology, 41: 397-403.

Zera A J, Mole S, Rokke K. 1994. Lipid carbohydrate and nitrogen content of long- and short-winged *Gryllus firmus*: implications for the physiological cost of capability. Journal of Insect Physiology, 40 (12): 1037-1044.

Ziter C, Robinson E A, Newman J A. 2012. Climate change and voltinism in Californian insect pest species: sensitivity to location, scenario and model choice. Global Change Biology, 18 (9): 2771-2780.